シリーズGIS 第4巻

ビジネス・行政のためのGIS

村山祐司・柴崎亮介 ……編

朝倉書店

編集者

筑波大学大学院生命環境科学研究科	村山 祐司
東京大学空間情報科学研究センター	柴崎 亮介

執筆者 (執筆順)

東京大学空間情報科学研究センター	浅見 泰司
筑波大学大学院生命環境科学研究科	兼子 純
東北大学大学院農学研究科	斎藤 元也
(独)農業・食品産業技術総合研究機構農村工学研究所	小川 茂男
山形県立農業大学校	小田 二夫
新潟大学農学部	村上 拓彦
(独)水産総合研究センター遠洋水産研究所	西田 勤
大妻女子大学社会情報学部	東 明佐久良
(株)JPS	平下 治
(株)ナビタイムジャパン	大西 啓介
麗澤大学国際経済学部	清水 千弘
首都大学東京大学院都市環境科学研究科	玉川 英則
お茶の水女子大学大学院人間文化創成科学研究科	宮澤 仁
専修大学文学部	江崎 雄治
東京大学空間情報科学研究センター	河端 瑞貴
市川市道路交通部	大場 亨

シリーズ GIS 刊行に寄せて

　地理情報システム（geographic information systems）は，地理空間情報を取得，保存，統合，管理，分析，伝達して，空間的意思決定を支援するコンピュータベースの技術である．頭文字をとって，一般に GIS と呼ばれている．

　歴史的にみると，GIS は国土計画，都市・交通政策，統計調査，ユーティリティの維持管理などを目的に研究と開発がスタートした．このため，当初は公共公益企業，民間企業の実務や行政業務を担当する専門技術者，あるいは大学の研究者などにその利用は限られていた．1990 年代後半まで，一般の人々にとって GIS は専門的なイメージが強く，実社会になじみのうすいツールであった．

　ところが，21 世紀に入り，状況は一変する．パソコンの普及，ソフトの低価格化，データの流通などが相まって，ビジネスマン，自治体職員，教師，学生などは言うに及ばず，一般家庭でも GIS を使い始めるようになった．GIS は行政や企業の日々の活動に不可欠なツールになり，カーナビゲーション，インターネット地図検索・経路探索，携帯電話による地図情報サービスをはじめ，私たちの日常生活にも深く浸透している．昨今，ユビキタス，モバイル，Web 2.0，リアルタイム，双方向，参加型といった言葉が GIS の枕詞として飛び交っており，だれでも難なく GIS を使いこなせる時代に入りつつある．

　2007 年 5 月，第 166 回通常国会において，「地理空間情報活用推進基本法」が参議院を通過し公布された．この基本法には，衛星測位によって正確な位置情報をだれもが安定的に取得できる環境を構築すること，基盤地図の整備と共有化によって行政運営の効率化や高度化をはかること，新産業・新サービスを創出し地域の活性化をはかること，地域防災力や弱者保護力を高め国民生活の利便性を向上させることなどが基本理念として盛り込まれている．この国会では，統計法や測量法も改正され，今後の GIS 関連施策に対する人々の期待は日増しに高まっている．位置や場所をキーに必要な情報を容易に検索・統合・発信・利用できる

地理空間情報高度活用社会が実現するのも，そう遠い話ではなさそうだ．

地域社会では，GIS を活用した新サービスの台頭が予想され，特に行政やビジネス分野で GIS 技術者の新たな雇用が発生するであろう．これに伴って，実務家教育や技術資格制度を拡充する必要性が各方面から指摘されている．また，日常的に GIS が活用できる人とできない人との間で"GIS デバイド"が生じないように，地域に密着した GIS 教育や啓蒙活動を効果的に実施していくことも欠かせない．

一方，学術世界においては，1990 年代に「地理情報科学」と呼ばれる学問分野が興隆し，学際的なディシプリンとして存在感を増している．大学では，この分野に関心をもつ学生が増え，カリキュラムや関連科目が充実してきている．GIS を駆使して卒業論文を作成する学生も珍しくなくなった．

このような状況下で，GIS の理論・技術と実践，応用を体系的に論じた専門書が求められており，本シリーズはそのニーズにこたえるため編まれたものである．すでに現場に携わっている実務家や研究者，あるいはこれから GIS を志す学生や社会人に向けた"使えるテキスト"を目指し，各巻とも各分野の第一線で活躍されている方々に健筆をふるっていただいた．

本シリーズは全 5 巻からなる．第 1, 2 巻は基礎編，第 3〜5 巻は応用編である．GIS の発展にとって，基礎（理論と技術）と応用（アプリケーション）は相互補完的な関係にある．基礎の深化がアプリケーションの実用性を向上させ，応用の幅を広げる．一方，アプリケーションからのフィードバックは，新たな理論と技術を生み出す糧となり，基礎研究をいっそう進展させる．基礎と応用は，いわば車の両輪といっても過言ではない．

第 1 巻は「GIS の理論」について解説する．GIS は単なるツールや手段ではない．本巻では，地理空間情報を処理する汎用的な方法を探求する学問として GIS を位置づけ，その理論的な発展について論じる．ツールからサイエンスへのパラダイムシフトを踏まえつつ，GIS の概念と原理，分析機能，モデル化，実証分析の手法，方法論的枠組みなどを概説する．

第 2 巻は「GIS の技術」について解説する．測量，リモートセンシング，衛星測位，センサネットワークをはじめ，地理空間データを取得する手法と計測方法，地理空間情報の伝達技術，ユビキタス GIS や空間 IT など GIS に関わる工学的手法，GIS の計画・設計，導入と運用，空間データの相互運用性と地理情報標

準，国土空間データ基盤，GIS の技術を支える学問的背景などについて，実例を交えながら概説する．

　第 3〜5 巻では，各分野における GIS の活用例を具体的に紹介しながら，GIS の役割と意義を論じる．

　第 3 巻「生活・文化のための GIS」では，医療・保健・健康，犯罪・安全・安心，ハザードマップ・災害・防災，ナビゲーション，市民参加型 GIS，コミュニケーション，考古・文化財，歴史・地理，古地図，スポーツ，エンターテインメント，教育などを取り上げる．

　第 4 巻「ビジネス・行政のための GIS」では，物流システム，農業・林業，漁業，施設管理・ライフライン，エリアマーケティング（出店計画，商圏分析など），位置情報サービス（LBS），不動産ビジネス，都市・地域計画，福祉サービス，統計調査，公共政策，費用対効果分析，費用便益分析などを取り上げる．

　第 5 巻「社会基盤・環境のための GIS」では，都市，交通，建築・都市景観，土地利用，人口動態，森林，生態，海洋，水資源，景観，地球環境などを取り上げ，GIS がどのように活用されているかを紹介する．

　本シリーズを通じて，日本における GIS の発展に少しでも役立つならば，編者としてこれにまさる喜びはない．最後になったが，本シリーズを刊行するにあたり，私たちの意図と熱意をくみ取り，適切なアドバイスと煩わしい編集作業をしていただいた朝倉書店編集部に心から感謝申し上げる．

村山祐司・柴崎亮介

目　　次

1. 概　　論 ────────────────────────────［浅見泰司］ 1
   1.1 ビジネス・行政と GIS　　1
   1.2 ビジネス・行政のための GIS データ　　3
   1.3 ジオコーディング　　5
   1.4 ジオデモグラフィクス　　6
   1.5 ビジネス・行政における GIS の使われ方　　7
   1.6 ビジネス・行政のための GIS の将来　　10

2. 物流システムと GIS ──────────────────────［兼子　純］ 13
   2.1 物流業界の環境変化と GIS の導入　　13
   2.2 物流業界を支援する GIS　　18
   2.3 物流における GIS は企業や消費者にどのように役立つのか　　23

3. 農業と GIS ─────────────［小川茂男・小田九二夫・斎藤元也］ 25
   3.1 農業 GIS の歴史　　25
   3.2 農業・農村分野における取組みの概況　　26
   3.3 土地改良連合での取組み状況　　27
   3.4 市町村および地区単位の GIS 利用　　29

4. 林業と GIS ───────────────────────────［村上拓彦］ 39
   4.1 日本林業と GIS　　39
   4.2 森林 GIS の実際　　43
   4.3 GPS との連携　　47
   4.4 リモートセンシングとの融合　　50

5. 漁業とGIS ——————————————[西田　勤] 55
- 5.1 概　　念　56
- 5.2 GIS 利用の現状　57
- 5.3 GIS 利用の課題　69
- 5.4 展　　望　70

6. 施設管理・ライフラインとGIS ——————[東明佐久良] 73
- 6.1 東京ガスにおける統合型 GIS　73
- 6.2 地下埋設物を総合的に管理している道路管理システム　79

7. エリアマーケティングとGIS ——————————[平下　治] 86
- 7.1 ビジネス分野における GIS の活用効果　86
- 7.2 GIS マーケティングの活用分野　92
- 7.3 GIS マーケティング事例　93

8. 位置情報サービスとGIS ————————————[大西啓介] 100
- 8.1 経路探索のアルゴリズム　100
- 8.2 位置情報データとナビゲーション技術　103
- 8.3 アルゴリズム研究からビジネス化へ　105
- 8.4 トータルナビゲーションサービス　108

9. 不動産ビジネスとGIS —————————————[清水千弘] 112
- 9.1 不動産ビジネスと空間情報　112
- 9.2 立地選択と空間情報　113
- 9.3 不動産市場分析における GIS の活用　116
- 9.4 不動産ビジネスにおける GIS 活用の新しい展開　125

10. 都市・地域計画とGIS ————————————[玉川英則] 128
- 10.1 都市・地域計画の流れ—その概観　128
- 10.2 そして GIS が登場する　129
- 10.3 都市・地域計画での GIS の役割　132

10.4　将来への展望　135

11. 福祉事業と GIS ────────［宮澤　仁］139
11.1　近年の福祉改革と情報化　139
11.2　介護保険事業における GIS　140
11.3　福祉のまちづくりにおける GIS　143
11.4　GIS による歩行者の移動支援　148
11.5　福祉事業における GIS の利活用　152

12. 統計調査と GIS ────────［江崎雄治］155
12.1　統計資料の分析における GIS の有用性　155
12.2　地域メッシュ統計と国勢調査　156
12.3　東京大都市圏の将来人口─距離帯別および鉄道路線からの距離別分析　161

13. 公共政策と GIS ────────［河端瑞貴］167
13.1　公共政策と GIS　167
13.2　政策プロセスと GIS　168
13.3　政策分野と GIS　170
13.4　地方公共団体における GIS の活用　173
13.5　GIS 活用のメリットと課題　175

14. GIS の費用効果分析と費用便益分析 ────────［大場　亨］181
14.1　費用効果分析，費用便益分析の必要性　181
14.2　費用効果分析と費用便益分析　182
14.3　費用効果分析　182
14.4　費用便益分析　186

索　引　193

1 概 論

1.1 ビジネス・行政と GIS

　地理情報システム（geographic information systems：GIS）は，空間情報をその位置的な特性に応じて操作できるシステムである．GIS はビジネス分野，行政分野でかなり浸透してきているが，もともと GIS の発展においても，これらの分野における利用がおもに想定されていた[1]．GIS は開発当初，処理能力の高い大型コンピュータやサーバにおける処理システムとして開発され，データ整備も含めるとかなりの高額を要した．このため，GIS は都市情報システムなど，大がかりにシステムを構築する資力がある一部のビジネス・行政にその利用が限られていた．しかし，近年，コンピュータの能力の発達により，通常の PC でも十分に処理ができるようになり，また，もう一方でデジタルな空間情報が整備され，一般に利用できるようになってきたことから，現在では小規模企業においても十分に利用できる環境が整備されている．情報環境が整備されるにつれて，場所に応じたサービスが望まれるようになり，空間的な演算が不可欠になっていく．そのため，空間情報を操作するシステムは今後ますます普及していくものと思われる．

　GIS の発達を顧みると，都市情報システム（urban information system：UIS）の開発を無視することができない．1975～1981 年度の建設省（当時）のプロジェクトとして UIS の開発がなされた．UIS は，西宮市と北九州市において導入された．当時，まだ地理情報が GIS に利用できる形で整備されていなかったこともあり，プロジェクトの主眼は地図および数値情報の整備にあった．道路管理業務，建築確認業務，固定資産業務を主要な GIS 利用業務ととらえ，それらの業

務から発生する情報をデジタル化していくことで，全庁的な業務支援をねらっていた．

このプロジェクトの第2段階として，1985年より都市政策情報システム（UIS Ⅱ）の検討委員会が設置されプロジェクトが始められた[2]．このシステムは，①市政情報システム（市町村が調査票・集計などを行い，定期的に都道府県・本省に対して報告を行う業務の効率化を目標とするシステムであり，地図情報を取り扱わない比較的簡易なシステム），②地区情報システム（都市計画・都市整備に関連した調査・集計業務を効率的に実施するとともに，その収集データの管理活用により高度な都市計画・都市政策の策定を目標とするシステムであり，縮尺1/2,500の都市計画図を基図とした地理データを整備する），③市街地詳細情報システム（大縮尺地図・図面をコンピュータによって管理するマッピングシステムであり，都市計画図，道路台帳平面図，上下水道台帳平面図，土地家屋現況図を一括管理する）からなる．

これらのプロジェクトの後，いくつもの大規模自治体は都市計画業務などを支援するシステムとしてGIS導入をはかった．当時のGISは大型コンピュータもしくはミニコンピュータにシステムを組み入れ，また，多大の経費を使ってデジタルデータを整備するという大事業であった．このため，GIS導入のメリットが必ずしも現場の経費低減に大きく貢献したとは認識されていなかった．また，数年の後には当初整備したデータは古くなり，更新が必要となるが，その更新費用も多大なものであったことから，システム導入に対する抵抗感があった．

しかし，その後の情報技術の進展により，システム自体は小規模でもすむようになり，また，デジタル地図データが整備されて，データの整備費用もさほど大きくはなくなっていった．1990年代以降，都市情報データベースを整備してGISを利用する自治体の数は大幅に上昇して，公共政策のさまざまな分野で利用されるようになり，行政実務では必須のシステムになってきている（第13章参照，またGISの導入効果については第14章参照）．

大規模な施設管理においても，GISは重要なツールとなっている．電気，電話，ガスなどの都市インフラストラクチャの管理は，その対象要素が膨大な量となり，施設管理ソフトが必要となる（第14章参照）．東京ガスでは，1977年より設備管理の効率化をはかるためにコンピュータマッピングシステム「TUMSY」の開発に着手した．それから約10年をかけて，2万8,000枚の設備図面を入力

し，ガス施設の地図情報データベースが整備された．このシステムはさらに発展し，顧客情報や建物情報を加え統合的なシステムに育っている．さらに，自動車などの移動体で利用できる携帯型マッピングシステムも稼働している[3]．

ビジネス分野でのGIS利用は，上記の公共公益企業以外でも広範に進んできた．桜井[4]はその理由として，間接部門の生産性重視，GISの価格低減の2つをあげている．すなわち，直接の生産現場だけでなく，管理部門や企画部門といった間接部門での効率性が求められているが，このためには適切な情報をもとにした的確ですばやい戦略決定やスケジュール管理が必要であり，GISが威力を発揮するに至っている．また，比較的正確な地図データが安価に入手可能になったこと，ハードウェアやソフトの発達が著しいことなどから飛躍的にGIS導入が促されてきた．

実際，ビジネスでの利用範囲は広く，本書でも紹介するように，エリアマーケティング（第7章参照），顧客管理・営業支援，不動産評価（第9章参照），施工実績管理，店舗管理，物流（第2章参照），施設管理（第6章参照）などさまざまである．

1.2　ビジネス・行政のためのGISデータ

GIS用のデータにおいて，基図となる地図データとしては，数値地図や住宅地図などを活用できる．また，基礎的なデータとしては，国勢調査，事業所・企業統計調査データなどの政府統計や，市販のデジタルデータを用いることができる．そして，企業が固有に集めたデータをそれに加えてGISデータとすることになる．ここでは特に，共通となる地図データ，政府統計データについて述べる．

国土地理院が発行する数値地図としては，全国をカバーする数値地図25000（空間データ基盤）があり，基本的な地形図として活用できる．道路，鉄道，交通施設，行政界，水部，基準点，公共施設，地名，標高が記録されている．ただし，これは，1/25,000の地図のデジタル版であり，地物の精度などもそれを基準にしている．そのため，総描規則（地物を単純化・省略化，統合化して描く規則）にのっとっており，必ずしも細部まで正確な地図になっているわけではない．地図画像，地名・公共施設，土地条件なども別途販売されている．

より正確な地図としては，数値地図2500（空間データ基盤）がある．これは，都市計画図などの基図として用いることを想定したより精密な地図ではあるが，市街地部しかカバーしていないため，山間部ではデータが存在しない．行政界，街区界，道路中心線，道路節点，鉄道，駅，公園・学校などの場地界，水部界，公共建物界，三角点が記録されている．

標高データについては，数値地図5mメッシュ（標高）があり，大都市部における航空レーザスキャナ計測結果を利用できる．

個々の建物まで地図データとして使いたいときは，デジタル住宅地図を使えばよい．都市に応じて，いくつもの販売会社がある．近年では，さまざまな地図データが廉価に販売されつつあり，基礎的なデータの入手は比較的容易になってきた．

複数の地図を重ねるためには，縮尺の違いを補正するだけでなく，投影法の違いをあわせねばならない．たとえば，数値地図では，最近は世界測地系を用いるようになっている．これ以外の投影法で作成された地図もあるが，GISもしくはオプションを用いれば変換ができる．

政府統計としては，国勢調査，事業所・企業統計調査，住宅・土地統計調査などがおもに使われる（第12章参照）．この中でも，国勢調査は悉皆調査であり，原則として全世帯が調査対象となるため，信頼度の高い調査となっている．西暦で5の倍数の年の10月1日午前0時を調査時として，そのときの氏名，性別，出生年月，世帯主との続柄，配偶関係，国籍，就業状態，就業時間，所属の事業所の名称と種類，仕事の種類，従業上の地位，従業地・通学地，世帯の種類，世帯員の数，住居の種類，住宅の床面積，住宅の建て方（2005年調査の場合）について調査される．国勢調査では10年ごとに大規模調査がなされ，それ以外は簡易調査となる．最近での大規模調査は2000年に行われ，上に加えて，現在の住居における居住期間，5年前の住居の所在地，在学，卒業など教育の状況，従業地または通学地までの利用交通手段，家計の収入の種類が調べられた．特に，マーケティングなどで有効に利用できるのは小地域集計であり，町丁・字等（または基本単位区）別に集計されて公表される．ただ，5年（ないし，大規模調査は10年）ごとというビジネスのサイクルから考えればかなり長期スパンの調査となり，また，調査から約2年を経ないと集計データが整備されない．そのため，マーケティングの現場からは，より速報性の高い調査が求められている．

事業所・企業統計調査は，1981年以降5年ごとに大規模調査がなされ，また，その3年後の中間年に簡易調査がなされてきた．この調査は，事業所の名称および電話番号，所在地，経営組織，本所・支所の別，開設時期，従業者数，事業の種類・業態，形態，企業の本所・本社・本店の名称および電話番号，本所・本社・本店の所在地，登記上の会社成立の年月，資本金額および外国資本比率，親会社・関連する会社の有無，親会社の名称および電話番号，親会社の所在地，子会社の数，支所・支社・支店の数，会社全体の常用雇用者数，会社全体のおもな事業の種類，会社形態の変更状況，電子商取引の実施状況を調べる（2006年調査の場合）．

　住宅・土地統計調査は人が居住する建物について調べるが，上記2つの調査と異なって，標本抽出調査である．このため，一般には市区町村レベルの集計データしか適切な精度をもたない．1948年以降は5年ごとに調査され，住宅などに関する事項（居住室の数および広さ，所有関係，敷地面積，敷地の所有関係），住宅に関する事項（構造，階数，建て方，種類，建築時期，床面積，建築面積，家賃または間代，設備，駐車スペース，増改築，世帯の存しない住宅の種別），世帯に関する事項（世帯主または世帯の代表者の氏名，種類，構成，年間収入），家計をおもに支える世帯員または世帯主に関する事項（従業上の地位，通勤時間，現住居に入居した時期，前住居，別世帯の子，住環境）などについて調べる（2003年調査の場合）．マーケティングでは重要となる所得について調べられていることが利点であるが，上述のようにサンプリング調査であるため，広域的なマーケティングにしか有効ではない．

　これらの統計は行政界とリンクすることで，GISデータとして取り込むことができる．

1.3　ジオコーディング

　企業が固有に集めたデータの中には，電気，電話，ガスのような公益企業体のように，ネットワークデータをもつところもある．ただ，通常の企業において，最も典型的にもつデータは顧客の住所データであろう．住所データは，場所をかなり特定できる情報であるから，GISに用いることは比較的容易である．そのためには，ジオコーディング（アドレスマッチング）を使う．

ジオコーディングとは，住所など場所を特定できるキーワードに緯度・経度座標などを埋め込んでいく操作である．市販のソフトでもジオコーディング機能をもったものがいくつも販売されている．また，無料で利用できるサイト（たとえば，http://pc035.tkl.iis.u-tokyo.ac.jp/~sagara/geocode/index.php）もある．ジオコーディングをすると，たとえば住所に緯度・経度座標が付加されるが，これをGISに読み込めば，ポイントデータとしてGISデータに変換できる．これにより，顧客分布をGISデータとして利用できるようになる．

なお，現在のジオコーディングは精度が完全ではない．日本の住所表記には表現にかなりの揺れがあり，また，市町村合併や町名変更などにより，しばしば表現が変化する．また，丁目と番号で街区を表すものの，号は入口の位置に応じてふられるため，複数の敷地に同一の号番号がふられることも多々ある．このため，住所と個々の敷地は1対1の対応にはなっていない．この点も，ジオコーディングが住所情報だけでは必ずしも正確には判定できない理由である．これらを解決するには，頻繁に住所と緯度・経度情報の対照データを更新するとともに，建物番号や表札名などもデータベースにもっていなければならない．しかし現実には，これは難しく，そのためジオコーディングには限界がある．このことに注意して使っていく必要がある．

1.4 ジオデモグラフィクス

マーケティングで役立つのは，それぞれの地域にどのような世帯・人々が居住しているかという情報である．地域特性を明確にして地域分類するものとして，ジオデモグラフィクス[5]があり，すでに商業化されたシステムがいくつもある．

ジオデモグラフィクスは，1980年代から顧客把握をより厳密に行っていく動きの中で広まってきた．その原型を探っていくと，都市社会学や都市地理学の分野において，1920年代からの都市の社会構造を解明しようという興味からなされた，都市内の地区を分類する研究がある[6]．当時，おもに着目された要素は，社会データ，人口データ，経済データであり，これらから都市構造を解明しようとしていた．また，都市計画における用途地域規制や都市施設の適正な配置の興味からも，都市内の地区分類分析がなされた．多くの研究は，国勢調査の小地域統計をもとに地区分類を試みたものである．

Webber[7]らは，都市の中の地区分類ではなく，国全体で比較できる枠組みをつくり上げた．その分類は ACORN（A Classification of Residential Neighbourhoods）の原型となり，商業的な消費傾向別の地区分類につながっていった．ただし，絶対の地区分類があるわけではなく，主観が入り込みやすいという批判はある[8]．後に，国勢調査データだけに頼らず，消費傾向に関するデータとの相関をもとに分類が精緻化されるようになった．たとえば，1980年代に出された「MOSAIC」はそのような成果である．

企業の求める消費者像に近い地区がどこにあるのかがわかれば，宣伝を行うにしても，営業をかけるにしても好都合である．その意味で，ジオデモグラフィクスのもつ意味は大きい．ジオデモグラフィクスは，一般解があるわけではなく，商品に応じて求める消費者像は異なる．そのため，最終的には広範な地域における適切な消費傾向のデータをもっているかどうかが，適切な地区分類を得られるかどうかの鍵となる．なお，ジオデモグラフィクスの具体例については Birkin[9]を参照されたい．

1.5　ビジネス・行政における GIS の使われ方

ビジネス・行政の GIS 利用といっても，その活用範囲は広く，一概には記述できない．しかし，あえて主要な機能をまとめると複数のデータベースとのリンクづけや検索機能，地図表示機能，編集機能，分析機能，意思決定支援機能などであろう．

一般に空間的に展開している事物を管理するには，検索機能，地図表示機能，編集機能の3つは必須である．公物管理をしなくてはならない公共公益事業（第6章），都市・地域計画分野（第10章），それも含めた公共政策（第13章）では，つねに更新される空間的事物の更新情報をもとに，検索・表示ができなければならず，また，各部局からのさまざまな課題図の要求にこたえていかねばならない．特に，都市インフラの管理においては，なんらかのハザードがあった場合の緊急対応性を考えると，正確な情報を瞬時に検索・表示するとともに，対応班に必要情報を送付できる体制が必要となる．

公共公益事業以外でも，物流（第2章），農業（第3章），林業（第4章），漁業（第5章），不動産業（第9章），福祉事業（第11章）など，本書でも取り上

げる産業において，対象とする事物の情報を取得・更新してそれを編集し，表示したり，特定の条件をもとに検索したりすることが必須となる．

近年の製品のトレーサビリティ重視の風潮は，単に製造元を明示していくだけでなく，産出地域の情報，産出に使われた手法の情報など詳細な情報の添付が必要となるが，この一環として GIS を利用したこれらの情報の管理が今後，必要になっていくであろう（第3章参照）．

分析機能としては，生物の空間資源量を推定するモデル分析（第5章），競合店の影響も含めた商圏分析（第7章），リアルタイムで変化する渋滞・事故情報を加味したナビゲーション（条件つき最短経路探索；第8章），身体機能に応じた移動経路探索（第11章）などが本書では紹介されている．

意思決定機能としては，ビジネスにおける出店戦略支援（第7章），災害復旧のための意思決定支援（第10章），公共政策の意思決定支援（第13章）などがある．

検索機能については，属性情報や空間情報に応じた検索機能を GIS がもっているが，近年，より高度な情報検索機能が求められつつある．たとえば，不動産を検索する際に，これまでのようにすでに入力されている不動産情報の中から，土地面積や延床面積，駅からの徒歩分数，築年数などを条件に絞るのは，データベースの構成から要請される検索の仕方であり，消費者のニーズにとって素直な検索の仕方ではない．延床面積はまだしも，それ以外の条件は実際の環境がどうであるかで多分に変わりうる条件のはずである．たとえば，家族のメンバーそれぞれのニーズ（小さくてもよいから専用仕事スペースがキッチンの近くに確保できる，楽器を演奏しても近隣の迷惑にならない，深夜の帰宅時にもある程度の食材を購入できる店に立ち寄ることができる，などの条件）を総合する形で検索できることが望まれる．これは現在のデータベース検索型を逸脱し，場合によっては検索時に空間関係を分析する機能を含めることが必要となるが，今後は充実すべき機能であろう．また，定例的な and/or 検索ではなく，あいまいな条件にも対応できるファジー検索を許す検索機能が整備されてもよい．

現行の地図表示機能では，ベクタデータについては，地図の縮尺に応じて表示・非表示を定めたうえで，ポイント，ライン，ポリゴンを描画するだけのものが主流である．一方，ラスタデータは，当初の画像ファイルの精度が保持されるため，拡大すれば画像が粗くなっていく．ただ，もともとのベクタデータにおい

ても，データ構築時には設計精度があり，それを超えて拡大する際にも，きれいな点や線として描画されることは誤解を招きやすい．そのため，精度情報を保持したうえで，拡大しすぎた場合には表示をあえてぼかす機能を設けるとよい．現在は，描画や空間操作において，精度情報にはほとんど配慮されていないが，今後の GIS の利用に応じては，誤解を与えないためにもそのような配慮が重要になっていくものと思われる．

　分析機能としては，汎用 GIS が備えている機能はあまりに限られている．よくある機能としては，重ね合わせ機能（オーバーレイ），空間オブジェクトの共通集合などの代数的処理，空間オブジェクトのカウント，面積・周長などの算出，距離計測，バッファリング，等値線作成，3 次元地表面の作成，斜度などの計測，可視領域の算出などである．しかし，たとえば環境解析において，ある汚染源の影響範囲を求めるときに，等方的なバッファリングでは大雑把すぎるであろう．もちろん，今日ではさまざまな追加的解析ツールも用意され，たとえば最短路検索などネットワーク解析機能の充実もはかられている．しかし，まだまだ分析ツールは不足しているのが現状である．事実，GIS が比較的多く利用される環境分野においても，分析面で弱いことが指摘されている[10]．

　環境分野においては，データの取扱いの容易性から，メッシュデータが多用される傾向にある．これは，GIS で直接的にモデリングすることが難しいので，シミュレーションソフトをほかにもっていることが多いためである[11]．そこで，そのようなシミュレータなどを GIS に埋め込むことができる仕組みがあるとよい．これは，環境分野に限らず，さまざまなビジネス・行政の分野で望まれる機能である．

　意思決定支援機能としての GIS 利用は，現在は一覧性に求められることが多い．さまざまな指摘を空間分布として表示したり，空間的な事物の分布・配置を表示するだけでなく，みえないファクター（たとえば，汚染状況，騒音レベル，さらには地区イメージなど）を可視化してみせるなどの機能は，現象理解や客観的な判断に役立つ．ただ，意思決定支援に際しては，できれば対話的な処理として，さまざまな試行錯誤を意思決定の場でなるべく瞬時に行うことが求められる．

　たとえば，地区計画の内容を住民参加で決めるという場合に，規制の数値が明示されても，それから帰結する空間的なイメージは一般の人にはわかりにくい．

そのような場合には，規制で許容される最大容積をそれぞれの敷地で追求した場合の姿を3次元で示すことができれば，理解を助け，自分たちにとってよりよい空間像を追求することができる．規制で定める内容は容積率，建蔽率，セットバック量（境界線から下がって建築すべき幅），高さ規制，斜線規制といった定番的な規制に加えて，さらに自分たちで工夫した規制のメニューを追加してもよいかもしれない．その際には，どの程度の延床面積が実現できるかは，必ずしも自明な問題ではなく，分析が必要となる事項でもある．このようなシミュレーション機能をその場でいろいろと試すことができれば，地区環境のイメージを共有し，自分たちに適した規制メニューを選ぶことも容易になるであろう．

このような空間シミュレーション機能をもつシステムのためには，あらかじめ想定される争点に関して簡易にシミュレーションできることが必要であり，上で述べた分析機能の充実が重要である．ただ，対話的な処理を行う際に，シミュレーションモデルを律するパラメータの数が増えてしまうと，実行が難しくなる．そのためには，他の評価値への影響を最小限にして特定の評価値を効果的に高めるにはどのパラメータをどのように変えるべきかを求めるような，試行錯誤自体を支援するシステムの開発も必要となるであろう．

1.6 ビジネス・行政のためのGISの将来

ビジネス・行政分野ではGIS利用が浸透してきており，今後もその傾向は続くと思われる．以下では，今後の発展について考察してみたい．

いままでのGISには，地図という既成概念が色濃く残っていた．基本は，デジタル地図の表示，主題図編集にあったといえる．しかし，地図といっても地形図のような地図ばかりではなく，概念図やあいまいな情報を扱う図もありうる．たとえば，現在，略地図を作成するシステムなどが開発されているが，空間概念を抽象化した際に直感的にわかりやすい図式を実現するための機能はまだ未整備であり，今後，システムとして整備される必要がある．

また，地図を使わない空間情報の処理もありうるであろう．実際，空間情報は単に，地図に記載できるような情報ばかりではない．画像，動画，音声に加えて，今後は香り，触感なども位置情報と組み合わせて提供されるかもしれない．そうなると，GISの出力は図面ばかりではない．むしろ，音声ガイドであったり，

仮想体験シーンであったりするかもしれない．

　また，ユビキタス社会の進展によって，さまざまな物が位置情報を伴って存在するようになると，インタラクティブに場所に応じて空間情報を取得できるようになる．そのため，場所に応じて異なる情報発信が進むものと思われる．これらはビジネス・行政におけるガイド，宣伝，サービス提供などに使われることになるであろう．

　行政分野では，政策や計画の妥当性を定量的に示すことが施策実施の条件になりつつある．このためには，施策を実施した場合の社会における影響をシミュレーションして定量的に測定することが必要となる．施策の多くは，空間的な関係によって影響が異なるために，GISをベースとして空間シミュレーションがいま以上に求められていくであろう．現在，影響を可視化するシステムを合意形成ツールとして用いる試みがある．今後は，ウェブ上で建築行為による近隣影響をシミュレーションし，社会的な影響を求めるサイトなどが出現するかもしれない．

　いまはまだ，GISの利用は専門的なことであり，特別に習得しなければならない技術のように思われている．しかし，よりヒューマンインターフェースが発達すれば，いずれは，現在のお絵かきソフトやワープロソフトのようにほとんどマニュアルを読まなくても利用できるソフトに変わっていくであろう．現在は，ビジネスや行政側がGISを自己利用するか，あるいはGISを利用して，社会に発信していくことが主である．しかし，システムが発展すれば，今後は消費者や市民がウェブなどをとおしてGIS機能を用いて，自分に必要な情報を収集したり，解析したりすることも可能となる．そうなれば，双方向での利用により，より的確な空間情報の整備と手軽に使えるGISが重要となる．

　GISで用いることができるデジタルな空間情報は，現在はまだ知的所有権の問題で自由に使えず，手続きが必要であったり，使用が法的に制限されていたりすることが多い．しかし，ビジネス・行政分野でのGIS利用を進めていくうえでは，これらの問題を解決していくことが必要となる．行政が整備したデータについては，基礎的なものは社会インフラの整備と同じであるという認識に立って公共財として自由に使える．また，民間などでオリジナルデータを作成した者がその費用を回収でき，違法使用は防ぐがその流通についてはなるべく円滑に活用できるような仕組みの整備が必要であり，早急に取り組むべきである．このよう

に，著作権や版権の問題にうまく対処して，空間データを社会インフラとして位置づけ，そのための制度環境を整えることで，ビジネス・行政分野における GIS 利用をより活発にしていかねばならない．　　　　　　　　　　　　　　　　［浅見泰司］

引用文献

1) 高阪宏行（1994）：行政とビジネスのための地理情報システム，233 p, 古今書院．
2) 都市情報研究会編（1987）：都市情報データベース：都市政策情報システム（UIS II）構築マニュアル，400 p, ケイブン出版．
3) 東明佐久良（1996）：車載マッピングシステム TUMSYBOY の実用化とその展開．GIS ソースブック：データ・ソフトウェア・応用事例（高阪宏行・岡部篤行編），pp. 269-279, 古今書院．
4) 桜井博行（1996）：ビジネス分野における地理情報システム．GIS ソースブック：データ・ソフトウェア・応用事例（高阪宏行・岡部篤行編），pp. 280-287, 古今書院．
5) Batey, P. and Brown, P. (1995) : From human ecology to customer targeting : The evolution of geodemographics. *GIS for Business and Service Planning* (P. Longley and G. Clarke eds.), pp. 77-103, John Wiley & Sons.
6) Park, R. E. *et al*. (eds.) (1967) : *The City* : *Suggestions for Investigation of Human Behavior in the Urban Environment*, second edition, 250 p, University of Chicago Press.
7) Webber, R. J. (1977) : An introduction to the national classification of wards and parishes. Planning Research Applications Group Technical Paper 23, Centre for Environmental Studies.
8) Openshaw, S. *et al*. (1980) : A critique of the national census classifications of OPCS-PRAG. *Town Planning Review*, **51** : 421-439.
9) Birkin, M. (1995) : Customer targeting, geodemographics and lifestyle approaches. *GIS for Business and Service Planning* (P. Longley and G. Clarke eds.), pp. 104-149, John Wiley & Sons.
10) Albrecht, J. H. (1996) : Universal GIS operations for environmental modeling. *Proceedings of the Third International Conference Workshop on Integrating GIS and Environmental Modeling* (M. F. Goodchild *et al*. eds.), National Centre for Geographic Information and Analysis.
11) 浅見泰司（2005）：環境分析のための GIS の現状と展望．環境管理，**41**：781-786.

2 物流システムと GIS

　インターネットが普及したことにより，読者の間にもインターネット通信販売などで商品を購入する機会が多くなっているであろう．書籍やパソコンなどをインターネット通販で購入すると，商品の在庫や配送状況，自分の注文した商品が現在どこにあるのかということを PC 上で調べることができるサービスの提供が，いまや当然となっている．このような物の流れをリアルタイムに確認できる，言い換えるならば，商品の位置を地図上で把握する仕組みはどのようになっているのであろうか．

　今日，物流を取り巻く社会・経済環境が変化する中で，物の流れを空間的に把握して分析する必要性が高まっており，物流業界における GIS 利用が拡大している．1990 年代以降の情報技術革新を背景として，物流業界における GIS の利用は，トラック業界をはじめとして鉄道や船舶，大都市で普及するバイク便などの運輸業界を中心に普及している．この物流における GIS の技術は，物流業界のみならずバスやタクシーの配車管理システムや，自動車の故障修理サービス，ライフラインの保守業務にも応用されている．

　本章では，物流業界が抱える課題を整理し，GIS に関わるいくつかの技術革新が物流システムに新たな役割を与えた点について考察する．そして物流業界を支援する GIS システムについて，事例を交えて紹介する．

2.1 物流業界の環境変化と GIS の導入

2.1.1 物流業界の環境変化

　「物流」とは「物的流通」の略語で，ある一種の財が生産地から消費地まで，

空間的に移動していくシステムおよびその構造を指す．わが国で物流という言葉が使われ始めたのはそれほど昔のことではなく，高度経済成長期以降である．高度経済成長期は，重化学工業化が急速に進行するとともに，大量生産・大量輸送・大量消費の方式が物流システムとして確立した時期であった．

しかし，高度経済成長が終焉し，物流を取り巻く環境は大きく変化してきた．それまで日本経済を牽引してきた鉄鋼，造船，化学工業といった素材型産業から，加工組立型の産業が著しく発展する産業構造の変化が進行してきた．輸送機関としては，高度経済成長期までは鉄道がその中心的な位置を占めていたが，現在では多頻度小口配送に対応したトラック（自動車）輸送への依存度がきわめて高くなっている．トラック輸送を代表する業者として，1970年代に登場した宅配便は，取扱量を急激に伸ばして，われわれの生活に不可欠なものになった．一方，消費は成熟化し，商品の多品種化が進んだ1980年代以降，消費財流通の分野ではコンビニエンスストアに代表されるように，多頻度小口配送が進行した．

このように物流を取り巻く環境が変化する中で，21世紀を迎えた今日，物流業界はいくつかの課題を抱えている．第1には，1990年代における物流業界への規制緩和があげられる．物流業界は規制により新規参入が制限されてきたが，1990年に施行されたいわゆる「物流二法」によって，特にトラック業界は大幅な規制緩和を受けた．これらの法律が施行されたことにより，物流業界への新規参入が促進されるとともに，より自由な運賃設定が可能になるなど業者間での競争が激化することになり，物流企業各社はよりいっそうのコスト削減の必要性に迫られている．

第2の課題は，多頻度小口配送への対応である．多頻度小口配送とは，経済の成長，消費の成熟化によって市場が個性化・多様化して取扱商品数が増加したことにより，できるだけ不要な在庫を削減しようとした結果，必要な「時」に必要な「量」だけ調達しようとする配送方式である．物流業者にとって多頻度小口配送を行うことは，配送回数の増加（多頻度化）と1回当たりの配送量の減少（小口化）を意味することであり，配送車両の積載率が低下することで配送効率が悪化するとともに，配送コストの上昇を招くことになる．こうした多頻度小口配送への要求に対して，物流業者は配送拠点を再編成し，配送車両の積載率を最適化するような配送ルートを設定するなど，物流の空間システムを再構築する必要に迫られている．

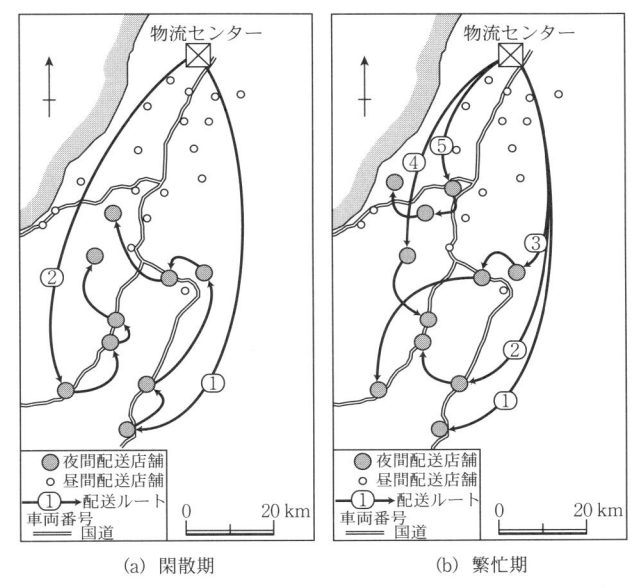

図 2.1 物流センターから店舗への配車・配送ルートの事例（兼子，2000[1]を修正）

　こうした物流における空間システムの構築について，チェーンストアの物流システムを事例にみてみよう．図 2.1 は，新潟県に本社のあるホームセンターチェーンの，物流センターから店舗への配送ルートの一部を示している[1]．交通渋滞を回避するために，物流センターから遠距離に位置する店舗に対しては夜間に，近距離の店舗に対しては昼間に配送が行われる．また，このチェーンは年間で取り扱う商品量に応じて配送ルートを調整しており，商品量の多い繁忙期の配送では，夜間に配送する店舗に対して5台の配送車両を投入し，1台当たり1〜3店舗に配送するルートが設定されている．一方，商品量の少ない閑散期には，配送車両は2台に集約され，1台当たり4〜5店舗に配送する．このように多頻度小口配送を実施するために，商品量にかかわらず平準化した物流の空間システムを構築する試みがなされている．

　第3の課題として，交通渋滞，大気汚染，それに伴う地球温暖化が社会問題になる中で，物流業界は特に環境への対策が必要とされている．なかでもトラックによる輸送は，利便性が高い反面，エネルギー消費や二酸化炭素の排出量からみると，鉄道や船舶に比較してエネルギー効率が悪く，環境への負荷が大きい．こ

れに対して，低公害トラックの導入，アイドリングストップなどの取組みがなされているが，先述したように，配送に投入する車両数を削減し，効率的な配送ルートを設定して，物流を共同化することにより積載効率をできるだけ高めた物流システムの構築が重要となる．このような環境に配慮した物流方法はグリーンロジスティクスと呼ばれ，物流業者は積極的に環境負荷を軽減する対応を求められている．

以上のような物流を取り巻く環境変化の中で，荷主，消費者双方から物流業者への要求は高まっている．厳しい状況下におかれている物流業界であるが，単に「ある地点からある地点へ輸送する」ことから，「生産から販売までの物流を一貫管理する」という「ロジスティクス」という概念が普及している．情報技術の革新が物流に新たな役割を生み出しており，こうした動向と GIS との関わりについて以下で紹介していくことにする．

2.1.2 物流業界における GIS の導入

1990 年代から急速に進んだ情報技術革新は，物流にどのような影響を与えたのであろうか．情報技術の革新が物流に与えた影響について，電子商取引の拡大による新規需要の発生，物流の効率化・最適化の進展をあげることができる．電子商取引の拡大によって，インターネット上の通信販売が普及し，商品を各家庭に配送するために宅配便などの物流業者にとって新たな需要が発生している．そして物流の効率化・最適化について，GIS に関わるいくつかの技術革新が物流に新たな役割を生み出している．まず第 1 に，電子地図の普及があげられる．物流における電子地図の利用には，PC 上で配送車両の移動体を管理できるだけでなく，インターネットを通じて最新の道路状況情報が更新されるという長所があり，物流業者にとってきわめて実用的である．また，移動体の位置情報を取得するための手段として，1990 年代末より GPS が一般にも利用できるようになった．さらに 2000 年以降，携帯電話などの端末が高機能化し，物流における GIS にローコストで活用できるようになった．移動体と運行管理者を結ぶネットワークの構築に関していえば，大企業では自社のシステムを独自に構築してきた一方で，ASP（アプリケーションサービスプロバイダ）サービス（顧客の社内にサーバなどのシステムを構築することなく，必要な機能のみをネットワーク経由で利用できるサービス）によってシステム構築の負担が軽減されたことにより，中小

企業を含む物流業界にGISの導入が進んでいる．

それでは物流業界におけるGISを活用したシステムとは，具体的にどのようなものがあるのだろうか．増田[2]は物流業界におけるGISを活用したシステムとして，「物流拠点の分析」，「配車・配送計画支援」，「動態管理」をあげている．物流拠点の分析システムとは，一定時間内に到達可能なエリアを設定して，そこでの販売額，顧客数を集計し，道路網コスト（距離や移動時間）に基づく拠点の統廃合・新設などをシミュレーションするものである．配車・配送計画支援システムとは，配送先情報，各種配送条件などを入力し，配送台数や配送経路を最適とするような配送結果を出力するものである．これらのシステムにより，現在の配送ルートや配送エリアにむだがないかどうかを定量的に分析することができる．動態管理システムとは，GPSにより求めた移動体の位置情報をリアルタイムでGISに取り込み，車両などの移動状況を可視化するものである．このシステムでは，単に運行管理者がドライバーの運行状況を把握するだけでなく，GPSによって車両の配送ルート情報を得て，より効率的な配送ルートを検証するための基礎的な資料とすることができる[3]．

これらの技術を応用して，空き車両に荷物を確保したい物流業者のニーズと，荷物を運んでほしい荷主のニーズをマッチングさせる求車求荷システムも近年，注目されている．このシステムを活用することで，配送車両の積載率を向上させるとともに，むだな配車を削減することができる．このシステムでは配送の依頼を受けた企業が，荷主から最短距離にいる車両をGISで抽出して該当する車両に指示を出し，その車両が集荷して配送する．また，郵便や宅配便で近年普及している貨物追跡サービスは，輸送中の貨物の動静を把握するために開発されたシステムである．消費者がインターネット通販などで購入した商品に関して，その配送中の現在地をホームページ上で確認できるサービスであり，インターネット通販における，購入と商品到着のタイムラグに関する心理的な不満を解消できる．また食品流通の場合には，生産・流通履歴が開示されることにより，商品への安心感・信頼感を与えることができる．

物流業界において，GISの技術を導入することによる効果として，投入する配送車両数を最少化して配送コストを削減すること，配送ルートを最適化（最短距離化）して商品の到着時間を早めるとともに，配送車両の積載率を向上させ車両数を削減すること，本部（運行管理者）が配送車両の現在地情報をリアルタイム

で把握することにより，顧客の問い合わせに対応できるようにするとともに，販売機会を逃さないようにすること，配送状況を的確に把握し，顧客の要望に迅速に対応できることがあげられる．また，物流費というものは通常の企業の財務会計では埋没している部分が多く，それを正確に抽出することは困難である．その際に配送ルートや配車など，これまで熟練者の経験に基づき設定されてきた部分を，GIS を用いることによって定量的に分析できるとともに，取引業者に対して物流費を客観的に説明できる判断材料にもなる．多頻度小口配送の進展でリードタイムの厳守が求められている物流業界にあって，到着予定時刻の精度向上や定時定配を実現するとともに，電話などで位置確認をする手間を省くことが可能になり，受注に時間がかからず適正な販売機会を得ることにより収益を向上させる効果がある．

2.2　物流業界を支援する GIS

2.2.1　企業による導入形態

　物流における GIS は，大企業による情報・物流システムを自社で構築する過程において先行して導入されてきた．これらの大企業は，その資本力を生かして自社に必要な機能に特化したシステムを構築し，他社との差別化をはかることを目指してきた．世界最大の小売業者であるウォルマートは，物流システムの情報基盤を 1980 年代から整備してきた．同社は自社による衛星通信トラック運行状況監視システムを導入し，現在地点，積荷状況，積載重量，走行ルートをトラックに積載している機器で運行管理者がモニターすることができ，帰り荷を把握して，効率的に求荷できる仕組みを構築してきた．配送トラックには，双方向衛星通信装置を配備して現在地を特定でき，工場，倉庫，物流センター，店舗のそれぞれの在庫量を極力減らすシステムを整備してきた[4]．日本での物流における GIS は，阪神・淡路大震災や新潟県中越地震を契機にその必要性が認識され，コンピュータの性能向上，通信・ネットワーク技術の進展，電子地図の登場などを背景として近年，研究やシステム開発が活発化している[5]．たとえば，コンビニエンスストア最大手のセブンイレブンは，2005 年 8 月に配送車両に GPS と広域のデジタル無線機を配備し，本社と配送センターを結ぶ全国ネットワークを構築した（2007 年 4 月 16 日付日経 MJ（日経流通新聞））．

一方で，インターネットとGPS端末の普及，特に携帯電話に付加されたGPS機能を活用することにより，導入台数が少なく，ネットワークを自社で構築することが困難な中小業者においてもGISを活用した物流システムを構築することが可能になっている．これら中小企業にとって，汎用的なGISサービスを利用することにより，システムの導入が容易になる．ここでは，物流を支援するGISとして，パスコの「LogiSTAR」とドコモ・システムズの「DoCoです・Car」の事例を紹介する．

2.2.2　パスコ「LogiSTAR」の事例

　パスコの提供するLogiSTARは，さまざまな配送条件を満たした自動配車により，配送車両の台数と配送ルートの最適化を実現する配送計画支援システムである．LogiSTARは顧客の企業内にLogiSTARアプリケーションサーバを設置し，地図表示部分はインターネットを介して地図サーバより受信する構成となっている．配車計算機能や道路ネットワーク計算機能など，自動配車を実現するためのすべての機能がサーバ側で提供され，企業内のLAN上にある複数のクライアントからウェブブラウザを通して自動配車機能や地図表示機能を共有することができるシステムである．

　LogiSTARは同社において，2002年度より開発が進められ，2003年度より企業へのサービス提供が開始された．同社は地理情報システム事業の一環として，従来よりカーナビゲーションシステム向けなど道路情報についての技術を有していた．同社はこの技術を展開活用し，配送効率向上を実現するツールを提供することにより顧客層を広げるとともに，配送コスト削減や二酸化炭素排出量の削減などを通じて企業や社会環境改善に寄与すること，および高精度，リアルタイムで更新される地図・道路情報を用いて，精度の高い配送計画を立て，配送効率の向上をはかることを目的に開発を開始した．特に2000年以降，インターネットを通じて最新の電子地図が提供されるようになったことは，同システムの開発にとって大きな契機となった．LogiSTARを利用する企業数は，現在約100社程度である．導入業種として，医薬品輸送，生コン業者，設備メンテナンス業者，引越業者といった一般的な運送業者のほかに，警備会社，タクシーやバスなどの旅客輸送で利用されている．1企業当たりの平均的なシステム導入台数は，配送計画システムで1〜5台程度，動態管理システムで3〜数十台程度であり，小規模

な導入事例もみられる．

　LogiSTAR は，拠点分析，配送計画，そして動態管理の3つのシステムから構成されている．それぞれのシステムの構成と機能についてみてみると，拠点分析システムは，まず導入する企業において，物流拠点の数や位置に対するサービスレベルの現状分析を行い，現在の配送効率を検証する．現状の配送ルートにむだがないかどうかを分析し，市区町村のエリアにとらわれずに最適なルートを算出する．そして物流拠点の位置や配送エリアを見直すことにより，総走行距離や平均走行時間の短縮をはかり，企業全体の配送を効率化して配送エリア全体のシステムを最適化するものである．

　配送計画システムは，配送先の住所や物量に応じて，必要最小限の配送車両台数と効率的な配送ルートの最適化を実現するものである．配送計画システムでは，荷種・荷量条件，顧客条件，拠点情報，車両条件といった各種配送伝票の情報を配送条件として入力する（図2.2）．これらの諸条件に，VICS（道路交通情報通信システム）から道路種別や交通規制，速度などの道路ネットワークデータと，経路検索条件が加えられ，LogiSTAR の配送計画システムにより，配送結果が地図上やガントチャート，配送表などの形で抽出される．

　動態管理システムは，GPS情報を使用し，導入企業のセンター側において配

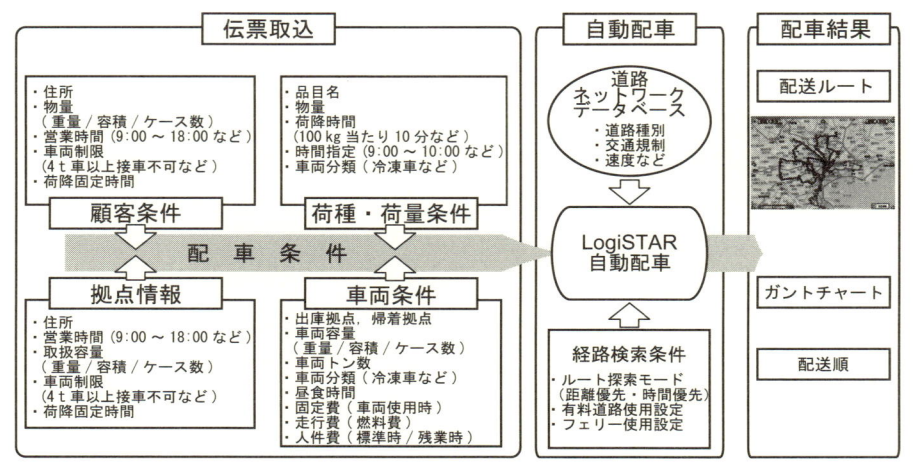

図2.2　「LogiSTAR 配送計画システム」の構成（パスコ資料より作成）

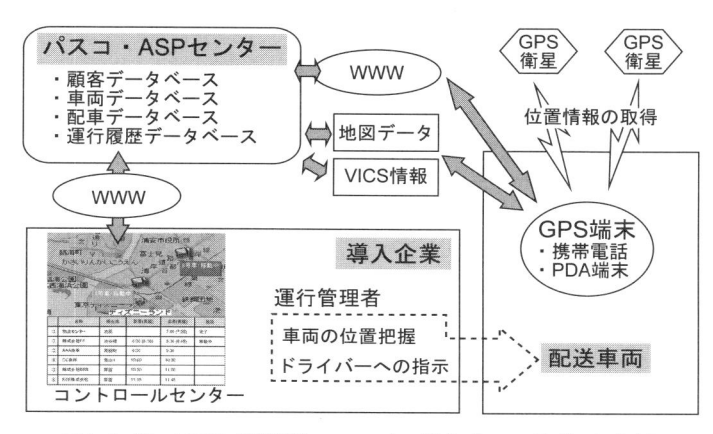

図 2.3 「LogiSTAR 動態管理システム」の構成（パスコ資料より作成）

送車両の位置や状態などをリアルタイムで管理するシステムである（図 2.3）．ドライバーが GPS 機能つき携帯電話や PDA 端末をもつことにより，位置情報がパスコの ASP センターに送られ，運行管理者はインターネットを通して車両の位置を把握する．動態管理システムの特徴として，以下の点があげられる．第 1 に，運行管理者の PC での閲覧は通常のウェブブラウザに対応しており，専用のアプリケーションやデータをインストールする必要がないため，企業としてはシステムの導入を容易かつ迅速に行うことができる．第 2 に，地図データが ASP サービスで提供されるため，つねに最新の地図を表示することが可能であり，導入企業による地図データ更新の作業が不要である．第 3 に，配送計画システムと同様に，VICS 情報と車両位置を把握することにより，遅延発生時などの対応指示が的確にできることである．

2.2.3 ドコモ・システムズ「DoCo です・Car」の事例

ドコモ・システムズの提供する「DoCo です・Car」は，GPS 衛星と NTT ドコモの DoPa（NTT ドコモが全国的に提供するパケット通信サービス）を利用して収集した位置情報を，インターネットを経由して PC の地図画面に表示する車両位置情報管理サービスである．このサービスは，同社がそれまで扱っていた自動販売機のテレメトリング（通信回線を使って計量器の計量値を読み出す仕組みのこと）の技術を応用して開発され，2001 年 7 月からサービスが開始された．当

初は数十社程度からのスタートであったが，2003年に契約数5,000台に達し，2007年5月現在の契約数は1万台を超えている．2001年のサービス開始以降，2002年にiモードに対応，2003年からバスやタクシー向けのサービス提供を開始した．

「DoCoです・Car」は，配送車両に車両搭載型の専用端末を置くか，ドライバーがNTTドコモのGPS対応携帯電話をもつことによって，GPS衛星から位置情報を自動取得し，DoPa網を通じてドコモ・システムズのASPセンターに情報が送信される（図2.4）．運行管理者は，ASPセンターにインターネットを通じてアクセスし，車両（ドライバー）の位置情報を確認する．移動体の位置情報は，ブラウザ上に表示される地図データ上に表示され，履歴の検索，ランドマークの登録などを行うことができる（図2.5）．サーバ機能の管理や地図データの更新を，ドコモ・システムズのASPセンターが実施するため，導入企業はシステムの構築と管理が不要である．端末をフルレンタルする場合，初期投資は不要であり，地図更新やサーバ運用・保守費用がかからない．企業全体で構築する専用端末と比較して，機能面で限定がある一方で，少ない台数でも導入することができる．

「DoCoです・Car」の追加機能として，運転日報自動作成機能がある．これはルート便などあらかじめ定められた配送先を回るのが中心の業務に対する機能であり，事前に登録された着店情報をもとに運転日報を自動作成して，業務の省力化と管理の高度化をはかるものである．同システムでは，まず管理側PCに着店

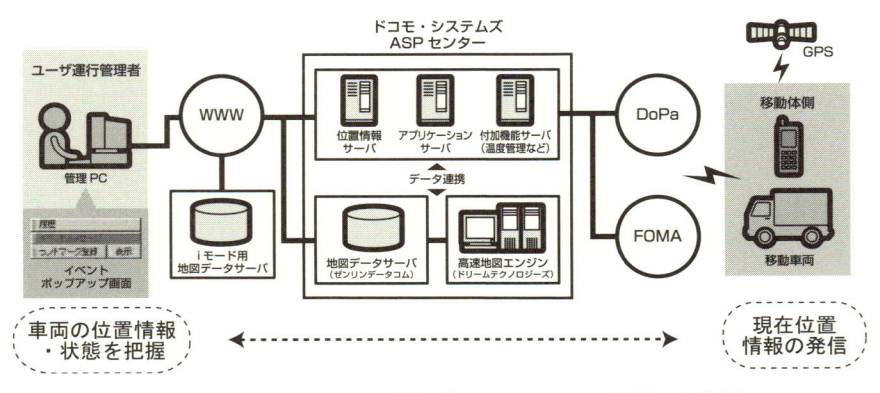

図2.4 「DoCoです・Car」の構成（ドコモ・システムズ資料より作成）

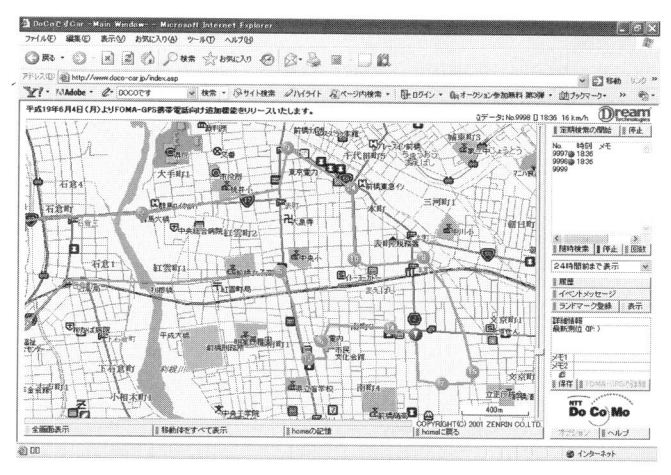

図 2.5 「DoCo です・Car」の管理者画面（デモ画面）（ドコモ・システムズ）[6]

情報，乗務員，荷主情報を登録する．ドライバーは配送先に到着したことを端末から送信すると，管理側より事前に登録したデータをもとに，着店情報画面が配信される．ドライバーはそのときの走行距離や立替金といったデータを入力し送信することで，帰着後，自動的に日報データが作成される．別途専用端末を取りつけることにより，エンジン入/切時の位置，荷室の温度情報を送信し，運転日報に反映できる仕組みになっている．

2.3 物流における GIS は企業や消費者にどのように役立つのか

競争が激化している物流業界において，各社は不特定かつ広範囲に分散する顧客からの注文に対して迅速に対応するとともに，適切な配車管理を行う必要に迫られている．これまで経験的に構築されてきた配送ルートや配車管理といった物流業務にとって，新たな情報技術革新により，GIS は大いに有効なツールとなっている．しかしコスト削減への要求が厳しい物流業界において，今後は単に車両の位置情報のみを把握するだけではなく，さまざまな空間情報を付加して物流をトータルで分析できる GIS の構築が求められているといえよう．

物流業界における GIS の導入については，今後解決すべきいくつかの課題を抱えている．1つには，物流業者にとって GIS は本当に必要なシステムなのかと

いうことを，費用対効果の問題として導入時に明確に示していく必要がある．また，ドライバーに GPS 端末をもたせることは，企業の労働管理の強化につながることも懸念される．政策面では，物流インフラの整備は道路網の整備にその主眼がおかれてきたが，今後は GIS を活用した情報戦略への転換が重要である．

　本章では，おもに導入する企業側の視点から，物流と GIS の関わりを述べてきた．しかしわれわれ消費者や社会にとって，物流における GIS はどのように役立つのであろうか．もちろん本章で紹介した貨物追跡サービスは，消費者が商品の流れを直接把握できる便利なシステムであるが，環境負荷の小さい物流システムの構築（グリーンロジスティクス）が求められている今日にあって，物流にGIS を活用することによってむだな配車を削減し，より効率的な物流システムの構築を求めていく必要があろう．　　　　　　　　　　　　　　　　［兼子　純］

引 用 文 献

1) 兼子　純（2000）：ホームセンターチェーンにおける出店・配送システムの空間構造．地理学評論，**73**：783-801．
2) 増田悦夫（2005）：物流における GIS 活用の現状と今後の課題．日本物流学会誌，**13**：191-198．
3) 齊藤　実（2006）：よくわかる物流業界（改訂版），237 p，日本実業出版社．
4) 清尾豊治郎（2001）：巨大流通外資，257 p，日本経済新聞社．
5) 増田悦夫（2004）：物流における地理情報システム（GIS）の活用法．流通経済大学流通情報学部紀要，**9**(1)：1-20．
6) ドコモ・システムズ：Doco です・Car．http://info.doco-car.jp/car/index.html

3 農業とGIS

　文明は農耕によって発達し，古代エジプト文明におけるナイル川氾濫後に，農地を氾濫前と同様に配分するために測量学と幾何学が発達したといわれ，GISの成立にも農業が大きく関与した．農業は土地を耕して農作物をつくることであり，農業分野においてはGISによる土地管理や栽培管理が重要である．しかし，工業やサービス業が発展する中で日本における農業の経済的地位が低下し，さらに自由貿易競争の中では，土地利用型産業の農業は土地の豊富な国が優位であり，日本やヨーロッパの国々では農業生産のみでは農家経営ができない状況となっている．日本農業はこのように産業としての弱体化があり，GIS利用のコストが農業GIS利用の障害となっている．しかしながら，情報技術進化によるコストの軽減が進んだことから，日本農業のトレーサビリティ確保や集落営農組織化という新たな問題対応のため，GIS利用が大きく前進しつつあるといえる．

　上記の概況に基づき，本章ではまず，農業GISの歴史を述べ，次に，農業・農村分野における取組みの概況を解説する．具体例として，土地改良連合での取組み状況と，市町村および地区単位のGIS利用を記述するが，後者では山形県庄内地区での事例を詳しく述べる．

3.1　農業GISの歴史

　最初の体系的なGISは，トムリンソン（Roger Tomlinson）が1960年代半ばに開発したCanada Geographic Information System（CGIS）のカナダ土地目録（Canada Land Inventory：CLI）[1]である．これは，カナダ農務省のプロジェクトであり，農業行政のために開発された．日本においても，農業利用がGIS開発

の先端を切っており,1970年代末には,京都大学の小崎 隆氏が研究開発レベルの土壌管理システム(computer based soil management system:COSMAS)[2]を構築し,1980年代になると,農業技術研究所(現在の農業環境技術研究所)において,農林水産省資金の土壌協会プロジェクトの中の農業生産環境情報整備事業(1982〜1986年)として土壌情報システム(soil information system for arable land in Japan:JAPSIS)[3,4]を加藤好武氏が構築している.このシステムは,さらに大きな農業用土地資源情報システム(agricultural land resource information system:ALRIS)のサブシステムの位置づけとしての開発であり,耕地土壌図として地形図などと重ね合わせて広く利用された.また,衛星画像などのラスタデータを利用した例として,インドネシア農業開発リモートセンシング計画(1980〜1986年,1988〜1994年)[4]がある.リモートセンシング技術とGISにより,ジャワ島からスマトラ島への農民移住計画を支援した.

1990年代に入ると国土地理院などを中心にGIS利用の動きが活発化したが,農業分野ではGISのコスト負担の面でなかなか普及しなかった.1995年の阪神・淡路大震災の際に,どこにどのような被害があるのかという状況の把握や,瓦礫をどうすれば効率よく撤去できるかといった観点からGISの重要性が再認識された.国レベルでも地理情報システム(GIS)関係省庁連絡会議が設置され,国土空間データ基盤の整備,GISの普及への取組みが行われてきており,防災,都市環境および建設分野を後追いするかたちで,農業分野でも利用が推進されている.

3.2 農業・農村分野における取組みの概況

農地に関わる各種情報は各団体が別々に保有しているが,データを共有していない状態では,効率が悪く,有効利用が困難である.たとえば,市町村は地形図を作成・保有し,行政界のデータを管理している.土地改良区は農地,農業用施設について管理運営を行っている.農業協同組合は農作物の品質,収量について関心があり,農業委員会は農家の意向(作付け,賃貸借)などについて検討している.しかしながら,共通の地図データなどのGISデータを共有していないと,おのおのが独自にデータを構築する必要があり,多くの費用と労力を必要とする.そこで,国としては地域営農戦略の実現に必要不可欠な農地情報を一元的に

整備し，地域の農業関係団体で農地情報などの共有化および相互利用に向けた体制づくりとして「水土里（みどり）情報利活用促進事業」（2005～2009年の5年間）を実施している．

　水土里情報利活用促進事業は，農地や水利施設などに関する地図情報データベースを都道府県単位のまとまりで整備し，農業者などへ広く提供することにより，農村の振興などを目的とした多様な取組みの円滑な推進をはかるものである．この事業の補助対象は，農業各分野のGIS利用に際して，必要な基礎的情報を整備することである．具体的には，1/2,500レベルのオルソ画像・地形図の整備，農業用用排水施設データの整備，農地筆・区画図の整備などである．これらのデータを整備し，関連する自治体，農業団体などが目的に応じて利活用するうえで，整備・提供すべき情報の範囲や情報交換にあたってのデータ形式，個人情報保護の観点から明確化すべきルールの標準化および指導・普及もあわせて行い，農業分野でのGIS利用推進を行っている．また，水土里情報センターを立ち上げ，この事業で構築したデータを管理運営していくことを目指している．

3.3　土地改良連合での取組み状況

　土地改良区は，土地改良事業を行うことを目的として設立される公共組合（法人）であり，2001年度から愛称として「水土里ネット」を使っている．この事業内容は，圃場整備の実施や農業用のため池や水路など，さまざまな水利施設の維持や管理であり，農家の多くは○○土地改良区と呼ばれる特定のエリアを管轄する組織に属している．各都道府県にこの土地改良区の連合体の××県土地改良事業団体連合会，全国組織として全国土地改良事業団体連合会が組織されている．

　前述のように，1995年1月の阪神・淡路大震災の際に，被害地域の認定と回復計画作成のためにGISの重要性が再認識され，地理情報システム関係省庁連絡会議が設置された．農水省においては当時の構造改善局（現在の農村振興局）が，この各都道府県の土地改良事業連合会のGIS化に取り組んできた．

　山形県では，山形県土地改良事業連合会が開発した施設管理台帳GIS，農村振興GISを中心に整備を進めている．また，全国土地改良事業団体連合会が開発した農地流動化支援水利用調整システムも，多くの自治体や土地改良区で利用されている．これらのGISとあわせて業務資料の電子化を行い，資料保存スペー

スの解消，データの紛失や劣化防止，迅速な検索などを可能としている．水土里情報利活用促進事業を推進するために（山形県）水土里情報センターが立ち上げられ，県と「水土里ネットやまがた」が協力して整備を進めている．特に水土里情報利活用促進協議会を設置し，利用方法や整備方向，維持管理費用，個人情報の取扱いなどについて協議を行っている．事業を推進するうえで，このような枠組みをつくることの意義は大きく，この枠組みによって事業の維持発展が可能となる．

宮城県土地改良事業連合会では，1995年度からGISを活用した土地改良施設管理台帳システムを開発し，これまでに最終末端整備事業である圃場整備事業用として「圃場整備施設管理台帳システム」を構築し，農村の生活環境改善でもある集落排水事業関連として「集落排水施設管理台帳システム」を構築した．これらは関連するデータをベクトル化し，竣工図書などを管理できるシステムとなっている．また，広域的な施設管理を可能にするために国土地理院発行の数値地図25000を取り込んだシステムも構築している．近年では一筆ごとに土地の管理が可能な「土地台帳管理システム」や，事業計画や産地づくり支援のための農地情報として活用可能なシステムを構築している．ここでは独自のシステム開発に早い時期から着手しており，完成度が高い．当初は維持管理資料類の電子化（紙データのデジタルファイル化）を行い，その後これを発展させてGISとリンクさせ，地図の上からも検索できるようにして業務の効率化を高めている．独自システムのため，他のシステムとのデータフォーマットの互換性に若干の問題はあるが，一般アプリケーションとの互換性をはかれる形式を採用しているため，システムの改訂に至った場合にも蓄積されたデータを有効に活用することができるようになっている．既存のGISエンジンを使用しておらず，地元の業者との共同開発であるためライセンス料は必要ない．また，できるかぎりソフトの中で登録や書式変更などの処理ができるように工夫されており，細かな設計変更を抑えるようになっている．

岡山県土地改良事業連合会では，1996年度から始まった農地流動化支援水利用調整事業の実施に伴い，GIS情報とシステム導入・運用を開始した．その後，2000年度から中山間地域等直接支払制度に伴い，岡山県より農地環境整備緊急整備事業の委託を受け，中山間地域のオルソ画像上での「一団の農用地」のポリゴン作成と傾斜度の測定を専用のGISソフトを用いて実施し，この委託事業が

表 3.1　岡山県土地改良事業連合会における GIS 関連業務履歴
(「水土里ネット岡山」の GIS のあゆみ，2006)

年月	業務名	作業内容
2001 年 3 月	中山間空間データ管理システム	GIS システム開発
2002 年	ため池被害想定区域作成	GIS データ作成
2003 年	土地改良区エリア編集	GIS データ作成
2003 年 3 月	集落排水台帳システム	GIS システム開発
2004 年	法定外ビューア	譲与資料作成，GIS ビューアシステム作成
2004 年 3 月	備南畑かん GIS 基本構想	システム構成検討
2005 年 12 月	事業計画支援システム	GIS システム開発，データ作成
2006 年 3 月	棚田ビューア	GIS データ作成，印刷
2006 年 3 月	管内事業一覧	GIS データ作成，印刷
2006 年 3 月	畑かん破断検索：網状	GIS システム開発，データ作成
2006 年 6 月	畑かん破断検索：樹枝状	GIS システム開発，データ作成
2006 年 10 月	水土里情報入力システム	GIS データ作成
2007 年 1 月	水土里 MapsViewer	GIS システム開発，データ作成

本格的な取組みの始まりとなった．また，岡山県では，中山間地域等直接支払制度に関わる地区だけでなく全県を対象としてオルソ画像を作成しており，このデータの利用も含めて岡山県土地改良事業連合会でも早い時期から GIS への取組みが始まった（表 3.1）．このように，多くの GIS 関連の業務を先進的に行っており，これらのシステム開発や作業を 5 名の担当職員で精力的に実施している．また，システム開発には SIS Map Modeller を用いて職員みずからがつくり込んでいるため，簡単にエクセルにデータを落とせるなど，非常に使いやすく工夫されていて完成度が高い．以上のように，オルソ画像を全県整備し，早い段階から取り組んできた岡山県では，その完成度が高く参考にすべき点が多い．岡山県土地改良事業連合会では GIS エンジンとしてインフォマティクス社の SIS を採用しており，このソフトを個別に利用する場合，ライセンス料が問題となるため，無料の閲覧ソフト，ウェブに載せることで対応をはかっている．

3.4　市町村および地区単位の GIS 利用

前述の都道府県レベルではなく，市町村および地区単位の GIS 利用を行った先進的な事例がかなり存在する．北海道河東郡上士幌町や長野県南佐久郡南牧村がその一例であり，1990 年代後半に役場では農業分野を中心に GIS 化が押し進

められた．1990年代末に北海道中央農業試験場は衛星データを利用したGISによる「美味しい米作り技術」[5]を開発した．北海道の各地のJAや新潟県のJA越路（現在のJA越後さんとう）でこの技術が利用された．

山形県庄内地域においては，「GISによる地域農業活性化および営農事務処理省力化」のために，山形県農業総合研究センター農業生産技術試験場庄内支場（山形県農総研庄内支場），山形県地理情報センター，防災科学技術研究所地震防災フロンティア研究センター川崎ラボラトリー（防災科研川崎ラボラトリーは時限組織のため2007年3月で閉鎖），庄内各JA，全農庄内，山形県庄内総合支庁，東京工業大学，東北大学，山形大学，篤農家の生産者・行政者・研究者から成り立つ「リモセン・GISを考える会」を2003年に組織している．ここでは，防災用GISは常時運用していないと災害時に機能しないことと，防災用GISの平常時は災害時に比べ作業が非常に少ないことから，農業用と災害対応用を組み合わせて運用することを考えている．このコンセプトに基づき，「TLOひょうご」が管理する多次元時空間統合型GISエンジン「DiMSIS-EX」をベースとして，防災科研，山形県農総研庄内支場，出羽測量，ファイブテックリンクなどが共同開発した，農業用機能を大幅に拡充したGIS「GeoSeed」をつくり上げている．このGIS開発にあたり，システム運用および期待する事項を整理し，あるべきGISを提言[6,7]している．地域特有の問題が含まれているが，農業GISの基本的かつ共通問題が多いので以下に記述する．

a． 営農面で解決が待たれる事項

① 稲作栽培において「ササニシキ」が主体の頃は，窒素施肥量が多いと倒伏し収穫作業が煩雑になるだけでなく，穂発芽が発生する危険があり，施肥量はコントロールされてきた．この結果，米粒中の窒素含量の少ない高品質の「うまい米」が生産できていた．品種が「ササニシキ」から「はえぬき」に変化して倒伏が少なくなり，窒素肥料を多くしても倒伏の心配がないため，農家で栽培が始まった数年は，生産者は窒素を多肥した．その結果，玄米タンパク含量の多い「おいしくない米」を生産するリスクが高まったため，現地巡回葉色調査などを実施し食味管理に努めているが多大な労力を費やしている．このため，効率的に栽培体系と葉色をモニターして「うまい米」を生産するシステムが必要になった．

② 枝豆の食味管理が収穫後の選別にのみ依存しているため，生育段階での品質を向上させるための対応システムが必要である．

③ トレーサビリティを確保するために，同じ貯蔵庫には同じ栽培履歴の米を集める必要があるが，刈取り時に効果的な仕分けの手段がない．

④ 国内有数の規模で産業用無人ヘリコプターによる防除を実施しているが，防除計画・作業記録管理に多大な労務を要している．また，防除時期が限られているために機材および運用スタッフの稼働率が低い．

⑤ 食味管理のための観測・ムラ直しの追肥・防除計画記録がそれぞれ個別の独立したシステムで運用されるため，作業効率が低い．

⑥ 台風に伴う潮風害やフェーン被害，病虫害の被害分布把握が即時性に欠くため，迅速な対応ができない．

b．GIS について解決が待たれる事項

① GIS およびデジタルマップを作成するのに多くの経費を必要とし，コストパフォーマンスが悪い．

② データを更新するのがたいへんである．現状の多くのシステムではデータ更新に時間がかかり，農家が必要としている生育中の作物に対する営農指導ができない．

c．消費者要求で解決が待たれる問題点

① トレーサビリティの実施において，生産者の顔写真とコメントだけでは履歴証明ができない．

② 精密なトレーサビリティの実施には大きなコストを要する．コストをかけずに行う方法はあるのか．

d．導入すべき GIS

これまでの GIS 導入例では，ある特定地域または特定集団を対象としてその運用規模が固定化されたものであった．開発するシステムは，自律分散型として，圃場レベルの小規模運用システムを基本とし，必要に応じて多数統合され多段的に情報共有が可能となり，任意単位での即時集計業務が容易になる．このようなシステムづくりは，すでに防災科研が自治体向けの防災システム開発過程で培ってきた技術である．目標として，以下のことが考えられている．

① 消費者のためのトレーサビリティとして，実際に生産した圃場をインターネットを通じて訪問し，栽培履歴を得ることができるようにしたい．

② 生産者の営農指導とシステムを共用することにより，システムのハードウェアやデータの構築および更新などのコスト負担が農業サイドで可能となる．

地上および無人ヘリコプターセンサ，および衛星データの多段階データを利用し，圃場から集落までの多段階の営農指導情報をつくり出し，この情報を消費者向けトレーサビリティシステムに組み入れ利用したい．

トレーサビリティシステムの確立方法として，現在日本の各地で行われている無人ヘリコプターによる農薬散布履歴（ヘリコプターの飛行経路および薬剤散布ノズルの開閉状況など）を GIS 上に自動的に入れ込むシステムが山形県農総研庄内支場を中心としてつくられている[8]．無人ヘリコプターには，精密 GPS と飛行記憶システムを搭載し，飛行コースおよび薬剤散布ノズルの開閉状況を終始記憶させ，飛行終了時にデータを回収し，GIS に取り込む．このシステムは前述の GeoSeed の中で開発されたが，他の GIS 上でも機能するシステムとなっている．以下で具体的にその使用手順について示す．

1) インフラの整備：　以下の①〜③についての整備が必要である．

① デジタルマップ（シェイプファイルなど GIS で互換性のあるファイル）．筆区画の地図と，田区画の地図の両方が必要．

② データベース（共済台帳，水稲栽培履歴記録表）．

③ GIS システム．

農業者および JA で利用する場合，②は各 JA で整備しているのですぐに利用可能であるが，①と③については利用者が整備する必要がある．①については水土里情報利活用促進事業で整備される予定であり，③は各地域で整備中のものを使用する．

2) マッチング作業：　デジタルマップ上の圃場にデータベースの情報を対応させ，データベースを GIS に取り込む．無人ヘリコプターによる薬剤散布圃場を現況と一致させておくことにより，散布計画の作成および料金徴収業務を著しく軽減させることができる．農業用 GIS が運用されている地域では当然，実施されていることである（図 3.1）．

① デジタルマップで筆界，田区界をすべて表示して圃場を細分化し，これに管理番号をつける．

② シェイプファイルに地番の属性があれば表示し，なければ地番が示された地図を背景として表示させて，管理番号と地番を結びつけて共済台帳に管理番号をふる．マッチング作業をする人数が確保できる場合は，地図と共済台帳を印刷し，エリアを分割して，印刷した共済台帳に管理番号を記入し集約する．

3.4 市町村および地区単位の GIS 利用　　　33

図 3.1　マッチング作業の実際

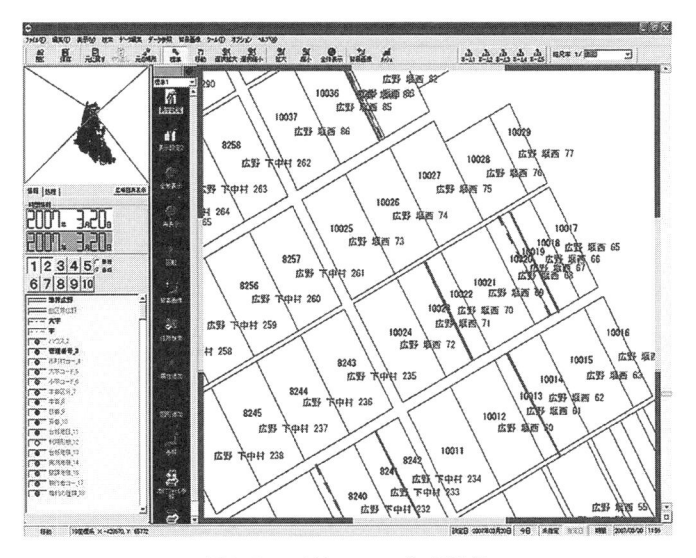

図 3.2　デジタルマップの再整備

組合員等コード	地区名	地名	地番	防除区分	管理番号	耕地面積(㎡単位)	品種名等	助成種別	助成種別
****1920	広野	下中村	231	4回防除	8239	3170	主食用水稲		
****1920	広野	下中村	232	4回防除	8240	3940	主食用水稲		
****1920	広野	下中村	233	4回防除	8241	1940	主食用水稲		
****2551	広野	下中村	234	4回防除	8242	1950	主食用水稲		
****1421	広野	下中村	235	4回防除	8243	3900	主食用水稲		
****1421	広野	下中村	236	4回防除	8244	3910	主食用水稲		
****1421	広野	下中村	237	4回防除	8245	3910	主食用水稲		
****1781	広野	下中村	260	4回防除	8256	3920	主食用水稲		
****1781	広野	下中村	261	4回防除	8257	3910	主食用水稲		
****3060	広野	下中村	262	4回防除	8258	3950	主食用水稲		
****2310	広野	塩西	61	4回防除	10013	1140	主食用水稲		
****2551	広野	塩西	62	減減	10014	2480	特 水稲	0	
****2551	広野	塩西	63	減減	10015	3550	特 水稲		
****2551	広野	塩西	64	減減	10016	1540	特 水稲		
****2811	広野	塩西	65	4回防除	10017	1760	主食用水稲		
****2811	広野	塩西	66	4回防除	10018	1820	主食用水稲		
****2930	広野	塩西	67	4回防除	10019	2080	主食用水稲		
****2930	広野	塩西	68	4回防除	10020		主食用水稲		
****2930	広野	塩西	69	4回防除	10021	3910	主食用水稲		
****2930	広野	塩西	70	4回防除	10022	1410	主食用水稲		
****1540	広野	塩西	71	防除無	10023	1970	有 水稲	0	
****1540	広野	塩西	72	防除無	10024	3060	有 水稲		
****1540	広野	塩西	73	防除無	10025	3070	有 水稲		
****1540	広野	塩西	74	防除無	10026	3120	有 水稲		
****1540	広野	塩西	75	防除無	10027	3120	有 水稲		
****2791	広野	塩西	76	防除無	10028	2480	有 水稲		
****2791	広野	塩西	77	防除無	10029	1120	有 水稲		
****2811	広野	塩西	83	4回防除	10034	290	主食用水稲		
****2811	広野	塩西	84	4回防除	10035	100	主食用水稲		
****3060	広野	塩西	85	減減	10036	3190	特 水稲	0	

図 3.3 共済台帳の再整備

3) デジタルマップと共済台帳の再整備： すべての筆界，田区界を利用して作業をすると，筆界が混み合っているところの作業が繁雑になる．毎年の作業は基本的には田区界を利用し，田区内にある筆界に関しては，筆界を境に耕作者や土地利用が異なる場合のみ使用する．図3.2では細線が田区界，太線が田区内にある筆界で，両側の耕作者，土地利用が同じ場合を点線，いずれかあるいは両方が異なる場合を実線で示している．利用する場合は，点線を消去し，点線を境にした両側の圃場は一体的に扱う．実線は圃場の境界として扱う．太線は共済台帳をもとに毎年見直す．共済台帳もデジタルマップと1対1の対応をとるために，点線を境にした圃場は1つの圃場として扱い再整備する（図3.3）．もとの共済台帳とは別に作業用台帳として独立させる．

4) データベースの取込み： 管理番号をキーにしてデータベースのデータを取り込む．

5) 地図を利用した計画の策定： データベースを取り込むと，そのデータをもとに図3.4のように防除区分などを色分けすることができる．1つのシステム

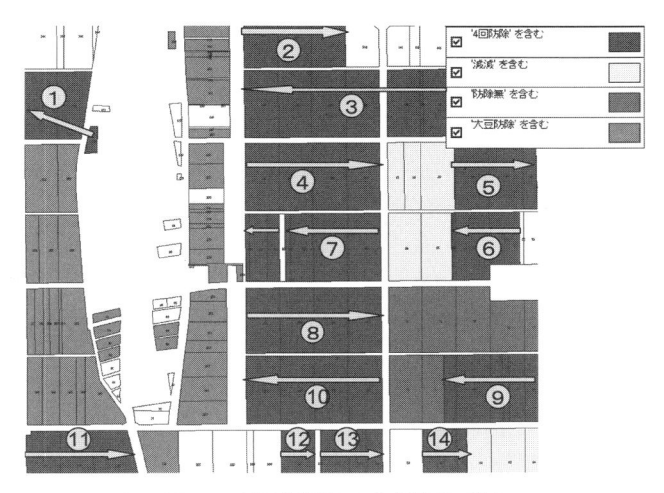

3.4 市町村および地区単位の GIS 利用　　　35

図 3.4　地図を利用した作業計画の策定

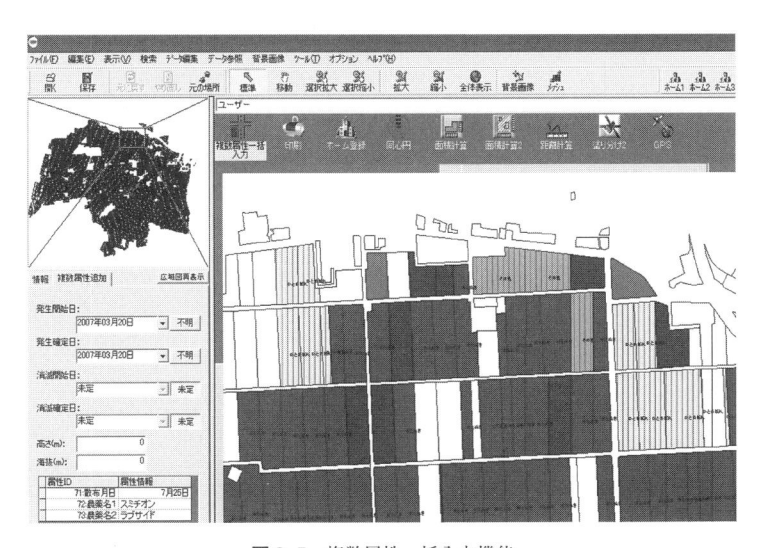

図 3.5　複数属性一括入力機能

を複数の集団で利用する場合は，マップを印刷し，作業計画を書き入れることができる．

6) GIS を利用した作業記録：　同時に入力する属性が同じであれば（たとえ

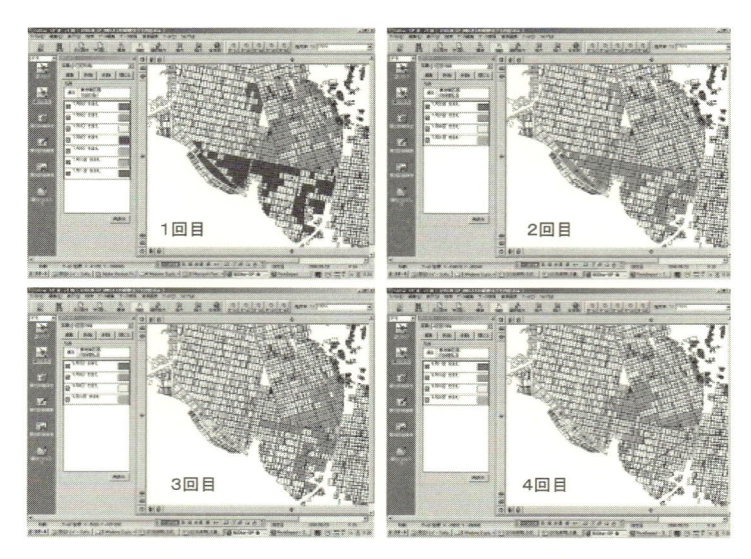

図 3.6 複数属性一括入力機能を利用した無人ヘリコプターの作業記録

図 3.7 GIS からデータを掃き出して作成した帳票の例
VBA による GIS データを利用した農薬散布実績および料金集計システム．

ば無人ヘリコプター防除の場合，散布月日と農薬名），地図から圃場を選択し複数の圃場に複数の同じ属性を一気に入力できるGISもある．例として，図3.5は7月25日スミチオンとラブサイドを斜線の圃場に散布したことを記録したものである．毎日のこの作業が面倒であれば，作業計画を作成したマップをもう1枚印刷し，色鉛筆で作業日ごとに色を変えて記入しておき，一気に入力する方法もある．図3.6は，複数属性一括入力機能で入力した無人ヘリコプターの防除記録を散布日ごとに色分けして表示したものである．散布日が一目でわかり，作業の確認ができる．

7) GIS を利用した作業管理で今後に期待できる展開： 各種帳票の作成が期待できる．GIS に入ったデータは，データベースに掃き出すことができる．これを利用して，耕作者ごとの本田での薬剤散布のトレーサビリティや作業料金の集計表を作成することが可能となる（図3.7）．GPSつきの無人ヘリコプターにフライトデータを記録する装置をつけ，取り出したデータを GIS に反映させると，図3.8のように散布記録を残すことが可能となる．フライト中は，0.1秒ごとにヘリコプターの位置とノズルの開閉の情報を記録しており，散布すべきところに

図 3.8　GPS データを反映した作業記録

確実に薬剤を散布したか，散布してはいけないところに農薬を散布していないかを客観的に示すことができる．

[小川茂男・小田九二夫・斎藤元也]

引用文献

1) Tomlinson, R. F. (1987): Current and potential uses of geographical information systems : The North American experience. *International Journal of Geographical Information Systems*, **1**: 203-218.
2) Kosaki, T. *et al.* (1981): Computer based soil data management system (COSMAS) I. Collection, strage and retieval of soil survey data. *Soil Sci. Plant Nutr.*, **27**: 429-441.
3) 加藤好武（1988）：日本における農耕地土壌情報のシステム化に関する研究．農業環境技術研究所報告，**4**: 1-65.
4) 斎藤元也（1986）：技術情報「農業におけるリモートセンシングの利用と課題」．農林業協力専門家通信，**17**(1): 16-30.
5) 安積大治・志賀弘行（2004）：水稲成熟期の SPOT/HRV データによる米粒蛋白含有率の推定．日本リモートセンシング学会誌，**23**: 451-457.
6) 今川彰教ほか（2006）：トレーサビリティ確立による日本型多段階精密農業の展開．システム農学会 2006 年春季シンポジウム・一般発表会要旨集：59-60.
7) 浦山利博ほか（2006）：日本型多段階精密農業の展開を支える自律分散 GIS の開発．システム農学会 2006 年春季シンポジウム・一般発表会要旨集：59-60.
8) 小田九二夫ほか（2006）：GIS を使用した作業記録による作業受託集団経理システムの開発．システム農学会 2006 年春季シンポジウム・一般発表会要旨集：61-62.

4 林業とGIS

　広大な森林を効率よく管理しようと考えるとき，GISの活用は必至である．国内外を問わず森林管理にGISは幅広く利用されており，たとえ現在，導入されていないところでも森林GISを整備したいとする希望はかなりの数になると予想される．広大で人間の目が届きにくい森林の地図ならびに帳票を効率よく管理するために，いまやGISは不可欠な存在であるといえる．本章では国内における森林GISに的を絞り，現状と周辺技術を紹介したい．

4.1　日本林業とGIS

　日本は先進国の中でも有数の森林国である．森林面積は2,512万ha，森林率は66%となっている（2002年統計）．このうち人工林は全国で1,036万haに達し，これが日本林業の場となっている．現在，日本の森林は民有林と国有林に分けられ，前者は各都道府県の管轄，後者は林野庁（各地の森林管理局）が直接管理している．ちなみに，民有林には国有林以外の森林がすべて含まれていると解釈してよく，県有林や市町村有林なども民有林である．国立大学の演習林も，2004年4月に国立大学が独立法人化してから民有林として扱われるようになり，各種属性情報，地図情報を所在の都道府県に届ける手続きを行っている．

　日本には森林簿（国有林は森林管理簿）という森林管理情報システムが存在する．小班と呼ばれる最小森林区画を単位として，各種属性情報が管理されている．日本のすべての森林に対し，小班が設けられて，データが都道府県もしくは国有林で管理されている．すべての森林に対し網羅的な情報が管理されている森林簿というシステムは日本独自のものであり，世界的にも非常に珍しいシステム

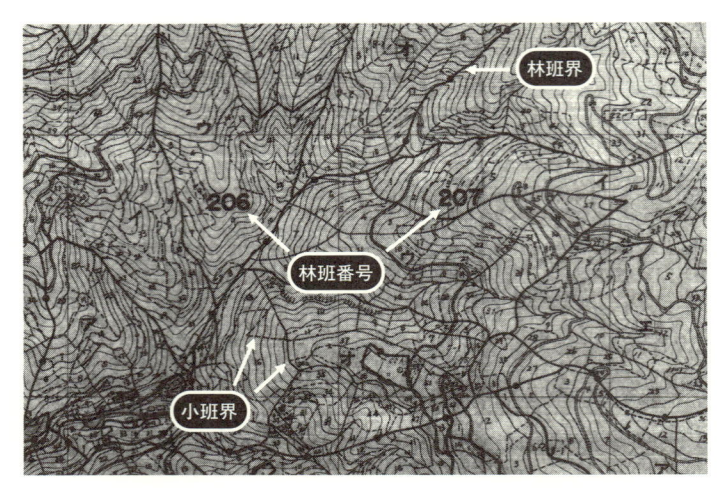

図 4.1 森林計画図
等高線の上に林小班界や林小班番号が描かれているのがわかる．

となっている．この森林簿は森林計画図と結びついている．森林計画図には，森林計画の対象とする森林の区域（区域界），森林区画（林小班界），林道，森林の種類（保安林，自然公園など）などが記されている．森林計画図の背景図になっているのが，森林基本図である．森林基本図は，縮尺 1/5,000 で，空中写真の図化成果を用い，等高線や谷，崩壊地，岩石地，道路，その他の地物が表示されている．図 4.1 は森林計画図を拡大したものである．この図では小さな小班が数多く存在することが認識できる．厳密には林分の最小単位の名称は各都道府県で異なるものの，まずはそれぞれの最小単位を小班と称すると，現在全国にはおよそ 3,000 万件の小班が存在する[1]．森林簿と森林計画図をベースとする森林 GIS がいかに巨大なデータベースであるかわかるであろう．

　林野庁計画課の統計によると，2006 年 4 月現在，森林 GIS を導入している都道府県は 42 にのぼっている（図 4.2）．2001 年の水準が 27 都道府県であったことと比較すると，5 年間で導入率が 6 割から 9 割に上昇したことになる．特にこの間は，e-Japan 戦略（2001 年 1 月策定）が追い風になったものと思われる．地理情報システム（GIS）関係省庁連絡会議が 2002 年に出した GIS アクションプログラム 2002-2005 において，農林水産省は「都道府県で林況，施業履歴等森林に関する多様な情報を一元的に管理できる森林 GIS を 2005 年度末までに整備

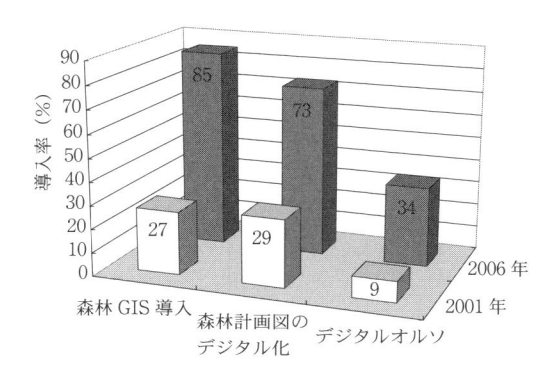

図 4.2 都道府県の森林 GIS 導入状況（2006 年 4 月現在，林野庁資料．松村，2007[2)] より作成）
導入率は民有林の面積ベース．

し，民有林，国有林における森林管理の効率化を図る」という目標を掲げている．最新の GIS アクションプログラム 2010 では「2011 年度までに 47 都道府県に森林 GIS を整備する」と明記されており，近い将来，日本全国で森林 GIS が完備されることになるであろう．

森林計画図のデジタル化についても，現在，民有林面積の 73% まで整備されたことがわかる．ここで森林 GIS のシステム導入と森林計画図のデジタル化の割合に差があることに気づく．これは，ハードウェアの導入やシステム開発からなるシステム導入が 1～2 年といった比較的短期で実行できるのに対し，計画図のデジタル化は作業量が多く数年単位の時間がかかることに起因している[3)]．しかし，このデジタル化も時間の問題であり，近い将来，森林 GIS の整備率と肩を並べるであろう．また，デジタルオルソフォトはデジタル森林計画図と比較するとまだまだ低い水準ではあるが，2006 年の導入率は 34% に達し，5 年前の 9% からすると 25 ポイントの上昇をみせたことになる．デジタルオルソフォトは航空写真からつくられるものであるが，最近は撮影自体がデジタル方式である航空写真が存在したり，高分解能衛星データの利用が進んでいたりするため，オルソ化された画像データの整備も着実に進んでいくであろう．

さて，森林 GIS の整備は都道府県だけではない．森林組合も森林 GIS を活用する主体となっている．森林組合は林業事業体であるため，単なる行政情報に準じたデータの収集・管理だけでなく，間伐・伐採計画の策定など，経営計画的側面が非常に重視される．施業履歴に関する情報を管理することも，森林組合の

GISとして必須項目である．実際の使用用途として，たとえば，森林施業計画の書類作成，施業団地化資料作成，間伐，主伐などの作業計画策定，林道，索張り開設計画策定などが，森林組合の森林 GIS では求められる．たとえば，マイクロシステム社の「森人類(しんじんるい)」のように，森林組合などでの利用を想定した，森林管理に特化した GIS も提供されている（図4.3）．

　最近では，森林所有者の世代交代が進み，不在村所有者も増え，相続はしたものの自分の山がどこにあるのか全く知らないという事態が数多く生じているという．その結果，事実上施業放棄に陥り，間伐遅れ林分の増大につながっている．山を熟知した人がいなくなりつつある現状を認識し，境界確定のための測量を行い，その情報を森林 GIS 上で一元管理する体制を築くことが肝要である．意識の高い森林組合では所有者境界の整備を GIS 上で行い，新しい世代に対して受託経営の提案を進めている[2]．

　最後に「新生産システム」について触れておきたい．2006年度から5年間の予定で新生産システムという林野庁のモデル事業が進められている．川上から川下まで，低コストで大ロットの木材供給体制を構築することを通じて，林業採算

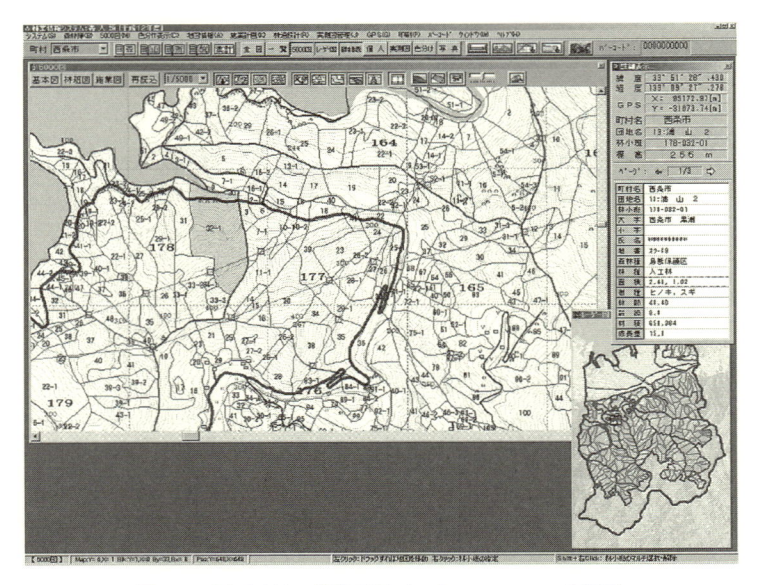

図4.3　「森人類」の操作画面（マイクロシステム社提供）

性改善のモデルケースをつくろうという試みである．すでに全国からいくつかの地域が選定されている．この新しい試みの中に森林・所有者情報データベース設置事業というものがある．この事業には森林 GIS の活用が含まれており，たとえば，伐採意向を示す所有者の情報を GIS 上に集積し，その情報に森林組合や素材生産業者がアクセスする．異なる所有者からなる伐採候補地は GIS 上で図化され，面積規模や近接性が空間的に判断される．そのうえで，それぞれの事業体は入札によって伐採の権利を得ることになる．こうした図式が成り立つことにより，競争によって素材生産の低コスト化が促されるだけでなく，施業の団地化が伐採コストの縮減につながり，所有者へ還元される利益が増える可能性がある．ネットワーク上で森林 GIS を核とした情報共有がはかられる必要があるが，個別の事業体を越えたデータベース活用の仕組みは森林 GIS の位置づけを確固たるものに押し上げ，不可欠な技術として認知されることになるであろう．全国での取組みが期待される．

　以上，国内における森林・林業と GIS の関係をみてきたが，森林 GIS の普及という段階はひとまず経たといってよいであろう．目下の課題は，人材育成とデータの更新である．GIS エキスパートを 1 人でも多く育てることにより，通常業務で GIS が浸透していくことが期待される．幅広く浸透し，日々使っていれば自然と高次の要求が出てくる．高次な要求は創意工夫を喚起し，さらに人材が育っていく素地になる．また，巨大なデータベースは，更新が途絶えたとたんに利用する魅力が欠けてしまう．財政状況の苦しい中，システムを維持していくのは容易なことではないが，GIS がうまく活用されれば業務が効率よく進むのは必至である．自前で更新がスムーズにいくように，人材育成に努めなければならない．それが利用促進につながっていくのである．

4.2　森林 GIS の実際

　改めて森林 GIS とはなんであろうか．一般に国内では，森林簿と森林計画図を基盤とし森林情報を管理・活用するコンピュータシステム[3]という理解が浸透していると思われる．ここでは，森林 GIS について中身を詳しく説明するとともに，簡単な使用例について紹介したい．

　表 4.1 は森林簿の項目である．項目はすべての都道府県で一致しているわけで

表 4.1　森林簿の入力項目の例

市町村	林種
所有者名	樹種
所在	林齢
林班	地位級
小班	樹冠粗密度
小班枝番	材積
小班補番	成長量
森林所有形態	施業方法による区分
機能の種類	層区分
森林の区分	分収林
森林の種類	都市緑地
面積	

はないが，おおむねここに示す項目が用意され，小班ごとにデータが入力されている．林齢や齢級，材積などは森林簿上で自動更新されることになっている．森林簿に記載された各小班は森林計画図に記された小班とリンクしている．森林GIS以前は，森林簿が庁内の電算システムで管理され，森林計画図が紙の図面として管理されていた．実際の業務では，該当する小班を森林簿と森林計画図で照らし合わせて手作業で色塗りを行ったりしたようである．

ところで，多くの森林計画図は，森林管理の最小単位である小班界が十分な精度をもっていない．一部の県では地籍図などの地籍調査成果を導入して森林計画図を更新しているが，林地での地籍調査の進捗率は全国でいまだ4割に満たない状況である[4]．森林・林業業務での活躍の場が多くなった森林計画図は，これまで以上に精度が要求され，現況との一致，地籍図などとの境界の一致が求められるようになったといえる．森林GISの整備にあたって，オルソフォトから境界判読や林相判読を実施した県も存在する[5]．

さて，森林GISがあれば属性データを用いて主題図を簡単につくることができる．たとえば，図4.4は林種でマッピングしたものである．林種には人工林，天然林，竹林などの項目が含まれている．特に，人工林と天然林の分布が即座に把握できる．属性検索により，林種から人工林のみを抽出し，樹種でマッピングしたものが図4.4右である．たとえば，樹種を用いればスギ，ヒノキの分布状態が一目瞭然となる．このような作業は慣れれば瞬時に行うことが可能である．当然，齢級に関する情報も森林簿に格納されているので，樹種別に齢級分布図を出力したりすることも可能である．ほかにも，保安林指定の有無や施業年度を図化

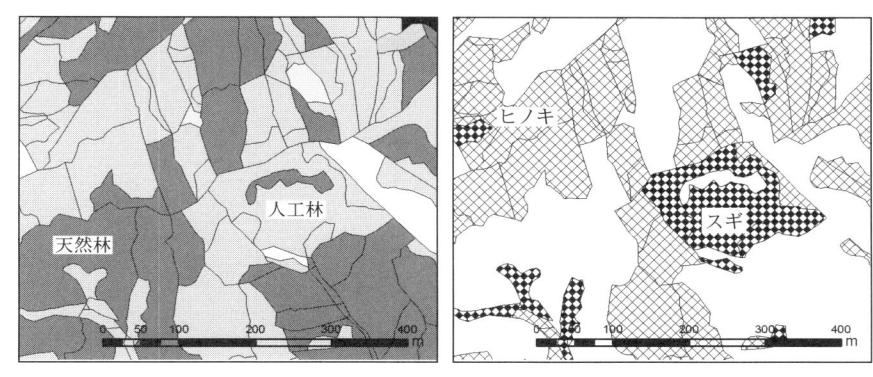

図 4.4 森林 GIS を用いて作成した主題図
左は「林種」（人工林，天然林など）を用いてマッピングしたもの，
右は人工林だけ抽出して「樹種」でマッピングしたもの．

することができる．こうした迅速な図化作業が，森林 GIS 導入の効果としてまずはあげられる．

意思決定の支援機能も森林 GIS に期待される機能である．たとえば，図 4.5 は任意の点を中心に 40 年生以上人工林を抽出したものである．ここでは，「40 年以上人工林」という属性検索と「500 m 以内」という空間検索（バッファリング）が組み合わされている．いずれも GIS の基本機能であるが，たとえばここに示した例であれば，どちらの場所が主伐候補地として有利か一目瞭然である．さらに，自動集計機能もあるので，面積合計をただちに求めることも可能である．この作業は施業の団地化を想定したものである．特に，不在村地主が多くなってきている現状では，所有者のリストアップを迅速に進めるうえでこうした機能が重要な役割を果たすと思われる．

最近では，森林 GIS が WebGIS にまで発展しているケースもある．たとえば，「ぎふ・ふぉれナビ」は岐阜県が提供している外部公開型森林 GIS である．図 4.6 に一例を示すが，ふぉれナビでは林班界や小班界が表示可能である．それに加え，衛星画像（IKONOS）が背景図として用意されている．小班ごとの属性データをみることはできないが，主題図としてゾーニングや樹種，人工林・天然林を選択することができる．また，特筆すべきは岐阜県独自の「流木災害監視地域」を表示できる点である．これは地質，傾斜，林齢，横断形状から数量化 II 類により特定したものであり，山地災害危険度を示す情報となっている．岐阜県で

4. 林 業 と GIS

図 4.5 森林 GIS を用いて任意の地点から 500 m 以内に存在する 40 年生以上人工林を抽出した例
明灰色は 40 年生以上人工林，暗灰色は 500 m バッファにかかった地点．集計の結果，A 地点（左）
では 33.2 ha，B 地点（右）では 4.2 ha の 40 年生以上人工林が抽出された．

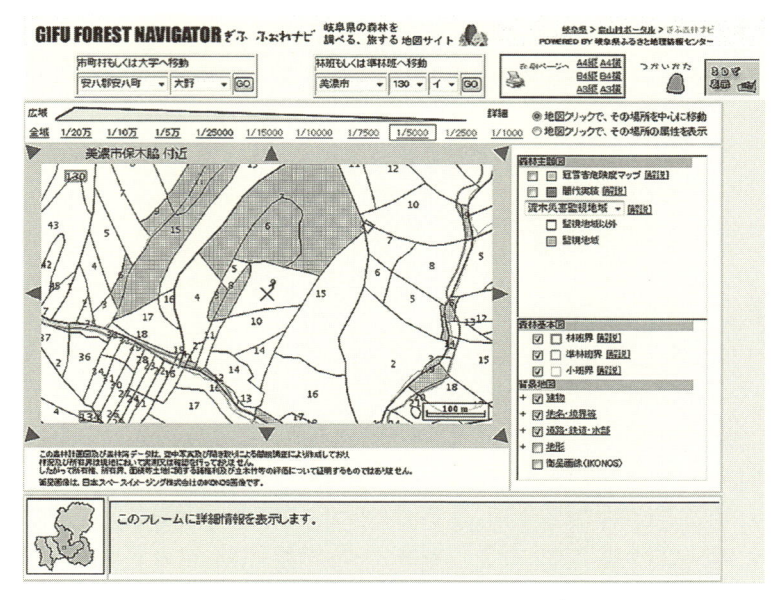

図 4.6 岐阜県の「ぎふ・ふぉれナビ」[2]
岐阜県独自の情報である「流木災害監視地域」を表示した様子．

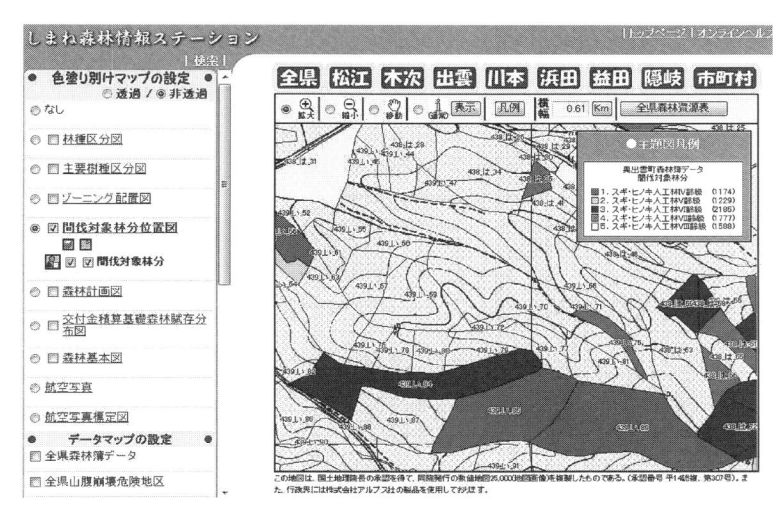

図 4.7 島根県の「しまね森林情報ステーション」[7]
森林基本図の上に間伐対象林分位置図を表示した様子.

は流木災害監視地域を森林簿情報に加え，重点間伐を実施する地域として指定している[2]．一方，島根県は「しまね森林情報ステーション」という名称でWebGISを提供している（図4.7）．このサイトでは，対象のエリアを絞り込んで，各種主題図や航空写真を閲覧することが可能である．主題図として林種区分図や主要樹種区分図，ゾーニング配置図，間伐対象林分位置図などが用意されている．

ここでは実際に使用されている森林GISを紹介したが，地図化作業や分析作業にますます活用されていくことを望むものである．また，先進的な自治体ではWebGISも用意し，GISを身近なものにしている．WebGISも含めて多くの関係者が使っていくことによって森林GISはより洗練されたものに変化していくであろう．

4.3 GPS との連携

森林は市街地と違って，交差点や建物などの目標物がほとんどない．これはつまり，地図と照らし合わせて現在地を知ることが困難であることを意味する．現場を熟知している作業員や担当者は地図がなくても目標地点に到達することが可

能であるが，それ以外の人間にとって森林の中で目標地点を正確に捜したり，現在地と地図を照合させたりするのは相当に困難な作業である．そこで注目されるのが GPS である．GPS では現在地を容易に知ることが可能なため，はじめての人間であっても迷うことがなくなる．現在では SiRFstar Ⅲ などの高感度チップを搭載した GPS を入手することも容易であるので，以前より安定した測位が林内で可能となっている．ところで，GPS 単独の使用では経度・緯度の把握にとどまり，座標情報をもとに紙地図上で位置を指し示すのはかなり煩雑な作業である．カーナビには地図が表示されているが，一般的にカーナビに林小班界などの独自のデータを読み込ませることはできない．そこで注目されるのがノートパソコンや PDA を用いたモバイル GIS である．

PDA とは personal digital assistant（personal data assistance と表現されることもある）の略称であり，携帯情報端末を指す．ノートパソコンより携帯性に優れ，バッテリの持続時間もそれなりに確保されている．専用の GIS ソフト（ESRI 社の ArcPad など）を PDA にインストールし，GPS を装着することで，現在地を自前の GIS データ上に示すことが可能である（図 4.8）．PDA は USB などで PC と接続可能であり，独自の GIS データを転送したり，現場で収集したデータを PC に送ったりすることが可能である．PDA の中には，高い防水性能や防塵性能，耐衝撃性能を有したまさにフィールドのための製品なども存在する（図 4.9）．10 万円以下の安価な組合わせから数十万円クラスのものまでさまざまな

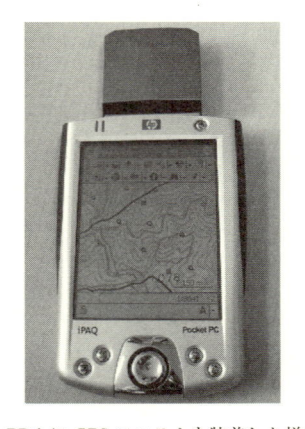

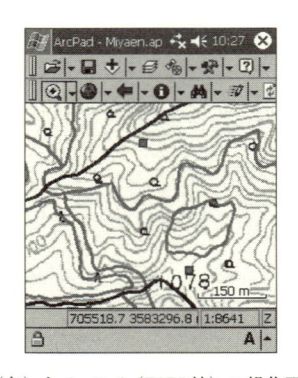

図 4.8　PDA に GPS アンテナを装着した様子（左）と ArcPad（ESRI 社）の操作画面（右）

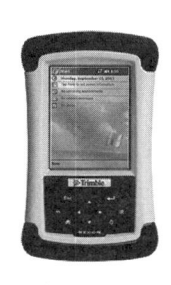

4.3 GPS との連携

(a) RECON　　(b) MobileMapper CE　　(c) Archer

図 4.9　現場での過酷な環境にも耐えられるモバイルマッピングツールとしての PDA
(a) RECON（Trimble 社），(b) MobileMapper CE（Thales Navigation 社），(c) Archer
（Juniper Systems 社）．

製品が存在する．また，GPS 内蔵型の PDA も存在する．

　GPS アンテナに着目すると，ここで示したコンパクトフラッシュ型のほかにシリアル接続型，SD スロット接続型，Bluetooth 型などがある（図 4.10）．なかでも，Bluetooth 型は無線による接続のため，配線の煩わしさから解放される．また，Bluetooth 型アンテナを用いると，車の中ではアンテナを置く場所と画面を操作する場所が完全に分離できるという利点もある．モバイル GIS に適した GPS アンテナは多種多様なものが存在し，しかも気軽に導入しやすい価格であるものが多い．今後，ますます普及が進むものと期待される．

　林業の現場では，伐採予定地の面積計算や新たな路網整備など測量が必要とさ

図 4.10　小型 GPS アンテナ
左はコンパクトフラッシュ型，右は Bluetooth 型．

れる場面が多々ある．現場での測量結果を地理座標で収集することができれば，GIS との親和性が高くなり，データの一元管理が GIS 上で可能となる．実際に，ディファレンシャル GPS（DGPS）を業務に活用して，簡易測量を行っている例が最近ますます増えている．伐採箇所の測量結果が GIS のレイヤとしてただちに利用可能であれば，小班の分筆などの煩雑な作業も効率よく行うことが可能となる．高精度と簡便性をあわせもつ測量としては，スタティック測位と通常の測量の組合わせがある．林業の現場における GPS の活用は，GIS 普及と相補的に進んでいくであろう．

4.4 リモートセンシングとの融合

森林 GIS フォーラム（http://www.forestgis.jp/）によると，森林 GIS の普及に次のような3つの段階を設定している．
第1段階：GIS に林小班図と森林簿とを入力し相互に関連づけ，地理情報としてデータベース化すること．
第2段階：GIS に入力した情報を利用して森林の機能評価などの解析を行うこと．
第3段階：リモートセンシングのデータを GIS と結びつけ，森林モニタリングの態勢を整えること．

先述したとおり，都道府県の林務行政において GIS の整備がかなり進んだため，第1段階はほぼ達成できたといえそうである．今後は，第2，第3段階に向けた情報交流や技術交流が進展していくことが期待される．ここでは，第3段階で言及されているリモートセンシングデータと森林 GIS の関係について述べてみたい．

森林 GIS の更新は，多くの場合，伐採の届け出などがあった際に行われる．つまり，伐採されるまでの途中の様子はなかなか反映されない．この事実は森林簿に対しつねに指摘されていることである．成長過程にある現実の林分の様子は，実際は帳簿やコンピュータの中だけではわからない．これを補完するのが航空写真や衛星データのいわゆるリモートセンシングデータである．衛星データは最初からデジタルデータであるので，GIS との親和性が非常に高い．航空写真もスキャナを使ってデジタル化すれば GIS の1レイヤになりうる．imaging GIS と

いう言葉があるが，正しい位置情報をもったリモートセンシングデータは，見た目そのままが雄弁に語る優れた GIS レイヤである．特に，森林という場所は人の目が届きにくいため，上空からの監視が非常に有効なのである．

森林 GIS と組み合わせて使えそうな衛星データについて一覧にしたものが表4.2である．ここにあげた衛星データの中で LANDSAT/TM の解像度が最も粗いが，観測幅は最も広く1つのシーンで3万 km^2 ほどをカバーできる．TM データは広域における森林変化点の抽出などに適している．SPOT 4 号，5 号はパンクロマチックの解像度が高いわりに，比較的広い観測範囲を達成しており，LANDSAT/TM や高解像度衛星とは異なる特徴を有している．IKONOS, QuickBird, GeoEye-1 は高解像度（高分解能）衛星である．一度に観測される

表4.2 森林 GIS に有効と思われる衛星データならびに衛星関連プロダクト

衛星/センサ 製品名	解像度（m）	観測幅/提供範囲	備　考
衛星データ			
LANDSAT/TM	30 m	185 km	マルチスペクトル（可視〜中間赤外）
SPOT 4/HRVIR	(M)20 m (P)10 m	60 km	
SPOT 5/HRVIR	(M)10 m (P)5 m	60 km	パンクロマチックは2.5 m まで解像度を上げることが可能
IKONOS	(M)3.3 m (P)0.8 m	11 km	
QuickBird	(M)2.4 m (P)0.6 m	16.5 km	
GeoEye-1	(M)1.6 m	15.2 km	打ち上げ予定
ALOS/AVNIR-2	10 m	70 km	マルチスペクトル（可視〜近赤外）
ALOS/PRISM	2.5 m	70, 35 km	パンクロマチック 3方向同時観測 詳細 DEM の作成が可能
衛星関連プロダクト			
Forest Wide Image	2.5 m〜	60 km	日本森林技術協会より提供 森林の判読に特化した色調補正 オルソ化済み
BASEIMAGE	2.5 m〜	2次メッシュ （約10×10 km）	NTT データより提供 1/25,000 図相当の精度を達成
ALOS オルソライト			リモート・センシング技術センターより提供
AVNIR-2	10 m	70 km	高次プロダクト
PRISM	2.5 m	70, 35 km	標準処理データの簡易オルソ補正

（M）マルチスペクトル，（P）パンクロマチック．

範囲は狭くなるが，地上の様子を詳細に把握することができる．たとえば，パンクロマチック画像では，列状間伐実施の様子など林冠の様子がかなり詳しく把握できる．国産衛星ALOS（だいち）の観測データも解像度の面とコストの面で今後の普及が期待される．なんといっても，AVNIR-2，PRISMともに1シーンの価格が3万1,500円（GeoTIFFの場合，2007年11月現在）であることは，ここにあげたいずれの衛星データ，衛星関連プロダクトの中でも群を抜いた低価格である．普及の際にネックであった衛星データ購入コストの問題を大幅に解消したといってよいであろう．

　さて，リモートセンシングデータがGISの1レイヤとして威力を発揮する第一歩は，まず背景図として利用されることである．「眺める」ことは，実態を知る最も有効な手段である．しかし，実はこの簡単なことが簡単には実現できない事実がリモートセンシングデータ側にある．それが，画像の「ゆがみ」である[8]．このゆがみは地形の起伏のために生じる．日本の森林のほとんどは傾斜地に存在するので，地形起伏に起因する画像のゆがみは避けて通れない．判読結果を正しくマッピングしたり，GPSの座標と正しく対応づけたりするためには，正射投影変換，すなわちオルソ化が避けられない．オルソ化への対応は，リモートセンシングデータを気軽に森林GISと組み合わせて利用していくために必須なことである．一般に衛星データはオルソ化の処理がなされておらず，時として尾根の位置が地形図と合わないなど，エンドユーザにとって使いづらいものとなっている．これは表4.2にあげた衛星データにおいても例外ではない．ところが，最近は衛星データをもとにした高次プロダクトがいくつか出ており，専門家でなくとも手元に届いた瞬間からGIS上で使えるデータが提供されるようになった．オルソ化が施されてゆがみの心配をしなくてよいプロダクトを表4.2に「衛星関連プロダクト」としてまとめている．Forest Wide Image（日本森林技術協会），BASEIMAGE™（NTTデータ），ALOSオルソライト（リモート・センシング技術センター）がそれである．

　Forest Wide ImageとBASEIMAGE™はともにSPOTデータをもとにつくられている．Forest Wide Imageは森林・林業分野に特化したプロダクトであり，伐採地や林相の判読がしやすいように色調補正が施されている．BASEIMAGE™は2次メッシュ（1/25,000地形図1葉の範囲に相当）単位で提供されており，比較的狭い範囲から購入することが可能である．図4.11はBASEIMAGE™上に

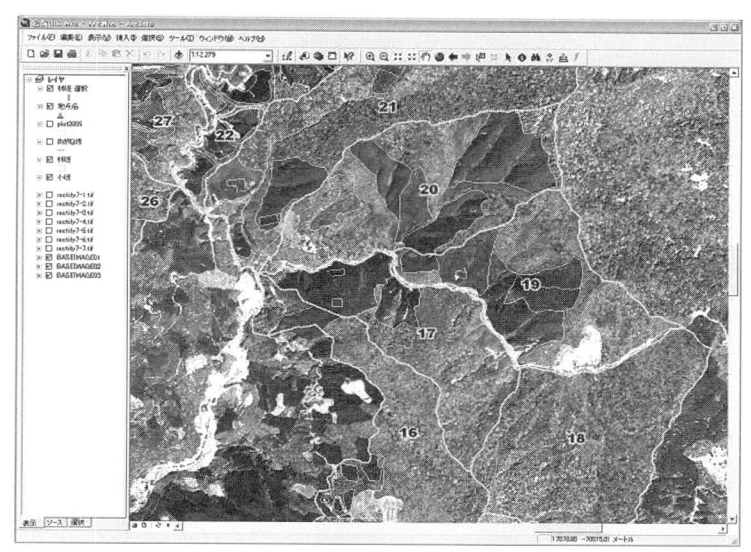

(c) NTT DATA CORPORATION/CNES/Spot Image Distribution

図 4.11　BASEIMAGE™ に森林 GIS を重ねた様子（九州大学宮崎演習林）

森林 GIS データを重ねているものである．ここで示した小班界データは，BASEIMAGE™ を基準として修正を施し，位置の精度向上をはかる作業を行った．ALOS オルソライトは ALOS データの簡易オルソ版であり，森林域では AVNIR-2，PRISM の簡易オルソが使えそうである．しかも，ALOS オルソライトの価格は 5 万 7,750 円（2007 年 11 月現在）であり，オルソ補正が施されているにもかかわらずかなり抑えた価格設定となっている．

　以上，森林 GIS を念頭において，衛星リモートセンシングデータの現状について説明してきた．すでに指摘したが，画像データがまず背景図として使われること（たとえば，本章で紹介した「ぎふ・ふぉれナビ」など）によって，多くの人にリモートセンシングデータの有効性が浸透していくものと確信している．恒常的に使用されるようになれば，高次利用が要求されるようになるであろう．その際に蓄積された画像処理技術が生かされるものと考えている．オルソプロダクトが充実してきた状況はまさに森林 GIS にとって追い風になるであろう．

[村上拓彦]

引用文献

1) 松本光朗ほか（2007）：京都議定書報告のための国家森林資源データベースの開発．森林資源管理と数理モデル Vol. 6, pp. 141-163, 森林計画学会出版局．
2) 松村直人編著（2007）：GIS と地域の森林管理, 207 p, 全国林業改良普及協会．
3) 松本光朗（2001）：森林情報の現状と将来—整備から活用へ—．森林計画学会誌, **35**：81-86.
4) 野田　巌（2004）：林地における地籍調査前後での面積の変動と調査の進捗状況．九州森林研究, **57**：67-72.
5) 木平勇吉ほか（1998）：森林 GIS 入門—これからの森林管理のために—, 103 p, 日本林業技術協会．
6) ぎふ・ふぉれナビ．http://www.pref.gifu.lg.jp/pref/s11511/map/
7) しまね森林情報ステーション．http://www.chusankan.jp/Shinrin/
8) 加藤正人（2007）：改訂 森林リモートセンシング, 360 p, 日本林業調査会．

5 漁業とGIS

　本章では，漁業分野で特にGISがよく利用・活用されている水産資源と漁業管理領域を中心に既存の文献・資料をレビューし，その現状と展望について検討する．使用するおもな資料は，1999，2002，2005年に行われた「水産科学・水圏生態分野におけるGIS/空間解析国際シンポジウム（http://www.esl.co.jp/Sympo/index.htm）」の要旨集（Nishida, 1999 ; 2002 ; 2005）およびそのプロシーディングズ（Nishida et al., 2001 ; 2004 ; 2007）に掲載された論文である．これら6冊から引用した文献が多いため，最後の文献リストに[1]～[6]とし詳細を記載した．また，6件の資料から引用した個々の論文に関しては，文中で，たとえば（Meaden, 1999）（[1]：pp. 22-23）と表記した．これら6件の資料以外からの論文は他章と同様に表記した．

　本章ではまず，漁業分野におけるGISの利用について概観し，次に「水産生物分布」，「リモートセンシング」，「水産資源解析」，「漁業・資源管理」および「ソフトおよびシステム」に関する具体的なGISを用いた事例およびGIS使用の現状を紹介する．これらのカテゴリーは，互いに関係しあっている．最後に展望を述べ，全体をまとめる．なるべく多くの事例・実例を紹介し，具体的にGISが漁業分野で利活用されている現状を理解してもらえるように努めるとともに，それらの具体例をもとに将来的な展望を述べる．なお，事例の大半は海洋漁業に関するもので，淡水域のものはごくわずかである．これは，漁業におけるGISの利活用の現状を反映した結果ともいえる．

5.1 概　　念

　漁業分野における GIS 利用の概念（考え方）は，最近急速に変化してきている．GIS がこの分野で利用され出した 1980 年頃は，漁業専用の GIS ソフトがなく，陸用に開発された GIS ソフトにより単純な分布図を作成するにとどまっていた．そのため，漁業分野における GIS は，以前は CAD タイプのお絵かきツール，地理情報目録ツールといった固定概念が根強かった．しかし，1990 年代後半より，漁業（水産海洋）データ専用の 4 次元（3 次元空間と時間を含む）情報を処理できる GIS が開発され始め，単純な分布図のみならず，漁業と海洋に関する複数パラメータのオーバーレイ解析，分布（生息域）モデル，水産資源解析モデル，空間統計学による資源現存量推定，漁況予測など，複雑な空間解析もできるようになってきた．そのため，漁業分野の GIS は単なるマッピングツールから脱皮し，2 次元～4 次元をカバーする総合的空間解析ツール（空間情報データベース＋情報の可視化＋空間解析），リアルワールドの再現・予測を行う「知的創造ツール」に変貌しつつある[1]．これらの GIS の概念の変化を具体的に論じた論文として，「漁業分野の GIS が美的マッピングツールという誤認識を暴く」(Booth, 2002)（[2]：pp. 366-378），「水産科学における GIS：新世紀における展望」（第 1 回 GIS シンポジウム基調講演）(Meaden, 2002)（[2]：pp. 3-29），「GIS による水産海洋情報空間解析のクリティカルレビュー」（第 2 回基調講演）(Booth, 2004)（[4]：pp. 3-44）などがある．

　第 2 回 GIS シンポジウムの基調講演では，漁業分野における GIS をアメーバにたとえ，GIS の 3 機能（情報・可視化・空間解析）は，種々の問題解決に向け三位一体で多様に進化していると説明している．すなわち GIS は，空間データベースを基礎として，可視化，空間解析の 3 機能をもっており，ある問題に関しては，データベースと可視化で解決できるが，別の問題は，空間数値解析も必要とする．つまり，GIS は空間に関する問題解決に関して，必要に応じ 3 方向の次元（機能）をカバーするため，アメーバのようにさまざまな方向に向かい運動している，とその概念を表現している（図 5.1）．これは，漁業分野のみならず，他の分野でも一般にあてはまる概念といえる．また，Meaden (2002)（[2]：pp. 3-29），平田[2]らは，漁業（水産海洋）情報には時・空間単位の不一致の問題があり（図 5.2），せっかく手元にある貴重な情報も GIS 解析をする際，大きな時

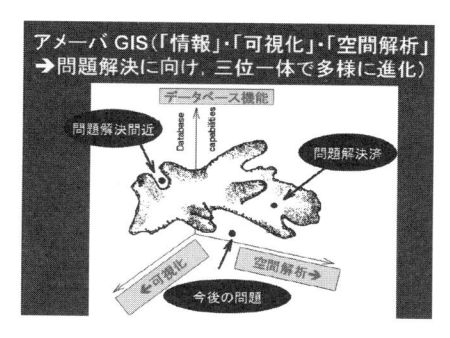

図 5.1　漁業分野に適用される GIS 機能をアメーバにたとえた概念図 (Booth, 2004)([4]：pp. 3-44)

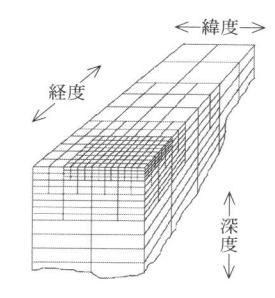

図 5.2　地理的属性 (緯度, 経度, 深度) をもつ漁業と水産海洋情報の空間単位 (空間解像度) (Meaden, 2002)([2]：pp. 3-29)

空間単位にそろえる必要があるため十分に利用できないケースが多いので，情報の国際的規格化が重要な課題となっている，と述べている．

5.2　GIS 利用の現状

5.2.1　水産生物分布

a．分布図

漁業の対象としての水産生物の分布・密度を把握することは，科学，業界，行政 (管理) において基礎的で最も重要な課題である．単純な分布表示は，種々の GIS ないし代用ソフトウェア (おもに 2 次元) を用いて長年行われてきている．また，パソコンが普及する以前では，ソフトを使用せず手作業による水産資源に関する分布図が作成されていたが，これも広い意味で GIS による表示である[3,4]．米国では 1996 年に Magnuson-Stevens 水産資源保全管理法が改正され，水産資源生息域 (essential fish habitat：EFH) に関する研究が重要視されるようになった．これは，水産生物の基本的な生息域 (habitat) をマッピングする業務で，米国における多くの公官庁研究機関で GIS により実施されている．水産生物の生活史・季節別の分布図を作成することで，水産資源漁業管理のための基礎知見を得たり，EFH が脅かされている海域を特定し，対応が手遅れにならないようにするための目的で実施されている．米国の EFH 関連の GIS の応用例として，生物の多様性 (biodiversity) に関する研究 (Bain, 1999)([1]：p. 94)，カリフォ

ルニア沖の底魚類（Mason, 2007）（[6]：pp. 213-226），ミシシッピ沿岸域における水産生物の EFH に関する報告（Brown, 1999）（[1]：p. 53）ほか多数の報告がある．その他に関係する事例として，約 40 年の間に取得された 50 万件の体長データに基づくミナミマグロのサイズ別空間分布図[5]，全世界における水産資源の漁獲量・漁獲努力量のマッピング（Watson, 2001）（[2]：pp. 381-390），ニューイングランド沖での鯨類目視調査データを GIS で解析した，アカボウクジラとマッコウクジラの空間分布特性（Warning et al., 1999）（[1]：p. 88）などがある．また，漁業対象水産生物と海洋環境要因（水温，塩分，溶存酸素量，水温躍層深度など）を単純にオーバーレイさせ，両者の関係を示した分布図も数多く作成されてきている．インド洋キハダ[6]などの事例がある．

b． 生息域モデル（HSI）

生息域適正指標（habitat suitability index：HSI）は，環境の変動に応じて生物の生息域がどのように変化するかを推定する手法であり，陸上の保全生態学では，1960 年代よりよく用いられてきている．漁業分野では，21 世紀になってやっと，水産生物の密度分布と海洋環境情報を用い，GIS による HSI に関する研究事例などが徐々に報告されつつある．特に好漁場を特定する HSI は，漁業者，科学者，行政にとってそれぞれの目的は異なるものの，効果的な手法として広く利用されつつある．HSI には，数学的アプローチと統計学的アプローチがある．

HSI の数学的アプローチは，メッシュごとに種々の環境に関する平均的な生息域適性指標を簡単な数式により一元化し，総合的な最適指標を計算しそれを地図化して最適な生息域を表示する方法である．Eastwood and Meaden（2004）（[4]：pp. 181-198）（図 5.3）はその手法を検討しており，事例としてはミナミマグロ[7]への適応例などの報告がある．

一方，統計学的アプローチは，空間単位（メッシュ）（たとえば，1 度区画や 5 度区画）と時間単位（たとえば，月や四半期など）をサンプリング単位として，統計により標準化された HSI を推定し，地図化する手法である．これは，各メッシュにおける単位努力量当たり漁獲量（catch per unit effort：CPUE）などの密度指標が通常，年，季節，環境などに影響されるため，一般化線形モデル（generalized linear model：GLM）などの多変量解析手法で標準化し，偏りのない指標をメッシュごとに計算し，その値を GIS で地図化する手法である．通常の一般化加法モデル（generalized additive model：GAM）と GLM を用いたオレンジ

5.2 GIS利用の現状　　　　　　　　　　　　　　59

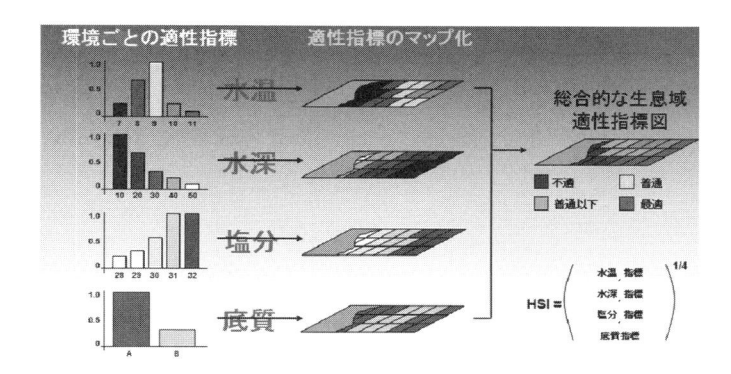

図 5.3　GISを基盤とした水産生物のHSI（生息域適性指標）の地図化
（Eastwood and Meaden, 2004）（[4]：pp. 181-198）

ラッフィーとキハダの生息分布域解析の事例（Barratt, 2001）（[4]：pp. 199-214）と，データの空間構造を考慮し，空間GLMを用いたインド洋キハダの生息分布域解析などの事例がある（西田，未発表）．海洋でデータを収集する生態学ではデータの異常値が多く，GLMやGAMでは，異常値に敏感であるという欠点がある．その問題を改善するため，陸上の生態学ではGLM，GAMに代わり，データのランクに基づくより頑健な被説明変数の分位点を説明変数で回帰する，ノンパラメトリックなRQ（regression quantile）がHSIに対し使用されつつある．水産資源分野では，Eastwood and Meaden（2004）（[4]：pp. 181-198）がはじめてドーバー海峡シタビラメにRQを適用し，その後，Wang[8]がインド洋メバチで，Martinら（2005）（[5]：pp. 16-17）がイギリス海峡の底魚類に使用し，HSIを推定した．RQがGAM，GLMなどのパラメトリック手法に比べてどの程度優れているかは，空間データの状況しだいであるため不明であるが，両手法の比較研究も試みられている（Vaz *et al.*，未発表）．

5.2.2　リモートセンシング

リモートセンシング（RS）は，遠隔距離からの自然現象や生態のモニタリングが可能なため，漁業分野でもGISと組み合わせて多方面で利用・活用されている．RSには，人工衛星・航空機などによる空からのRSと，音響機器による水中におけるRSの2タイプがある．

a. 空からのリモートセンシング

人工衛星・航空機は，種々の RS 機器を搭載し目的に応じた情報を入手している．以前は人工衛星からの RS 情報による潮目，湧昇流モニタリング，漁場形成機構，回遊の研究が主流で，RS 情報（衛星画像）そのものを定性的に利用した研究が多かった．これらは RS によって得られた画像データのみで定性的な解析ができるので，特に GIS による空間解析と定義されていなかった．しかし最近では，アナログ情報に代わり，マイクロ波を使った合成開口レーダ衛星（synthetic aperture radar：SAR），航空機からの写真，レーザによる LIDAR からのデジタル情報と漁業・環境に関するデジタル情報とを組み合わせ，GIS をプラットフォームとした環境，水産生物の分布・密度や，漁海況予測など統合的な空間数値解析が活発に行われている．そのため RS と GIS を統合した空間解析は重要な課題となっている．

SAR は，マイクロ波を使った RS で，昼夜・天候にかかわらず計測可能なため，頻繁に利用されている．たとえば，グリーンランド南で昼夜を問わず SAR により測定した風力・風向を GIS により解析し，推定した海況を提供することで船舶航行安全に貢献している（Chesworth, 2002）（[3]，p. 11）．その他の事例として，SAR を利用した GIS による漁船・違法船（illigal unreguratd and unreported：IUU）操業の監視と水産資源のモニタリング（第 5.2.4 項 b 参照）（Afonso-Dias, 2004）（[4]，pp. 323-340），GIS/LIDAR による水産生物の生息環境マッピング（ロシア）（Science and Technical Firm Complex Systems 社 Shatoshin 氏，私信），漁業モニタリングのための 10 種類のリモートセンシング・データに関する GIS による評価（Rogers and Simpson, 1999）（[1]：p. 72），南アフリカにおける航空デジタル写真/GIS 技術を組み合わせた喜望峰沖のケルプ生物量評価（Sampson et al., 2001）（[2]：pp. 157-166）などがある．また人工衛星と GIS を組み合わせた空間解析の事例には，サンマ回遊研究のための米国軍事気象衛星（Defense Meteorological Satellite Program：DMSP）の可視熱赤外センサ（operational linescan system：OLS）画像による統合解析（北太平洋）（Saitoh et al., 1999）（[1]：p. 18），イカ漁船団の光による RS/GIS 漁獲努力量分布解析（南東太平洋）（Waluda, 2002）（[3]：p. 10），日本周辺イカ漁業・資源解析（Kiyofuji et al., 2004）（[4]：pp. 341-354），ペルー沖アジ漁場形成と環境の研究（Peña et al., 1999）：（[1]：p. 21）などがある．

b．水中でのリモートセンシング

音響機器（計量魚群探知機，ソナー）で得られるデジタル情報と水深別環境情報を GIS に取り入れた 3 次元場での現存量推定，海底地形や底質マッピング，さらに魚群生態に関する研究が進展している．3 次元情報が増加するにつれ，精度の高い推定や結果が得られるようになってきている．マッピングの事例は，チュニジアのガベス湾におけるマルチビームソナーの海底地形の反射強度データによる底質・海底地形および海草ポシドニア藻場の GIS マッピング（Komatsu et al., 2004）（[4]：pp. 83-100），石川県におけるマルチビームソナーによるガラモ場の 3 次元 GIS マッピング（Komatsu et al., 2007）（[6]：pp. 97-114），サイドスキャンソナーデータと GIS による海底地形マッピング（Friedlander et al., 1999）（[1]：p. 98）などがある．また密度推定の事例では，日本の道東沖における，計量魚群探知機の 3 次元 SA（area backscattering strength：面積後方散乱強度）値データないし SV（volume backscattering strength：体積後方散乱強度）値データと水温・生息水深情報を組み合わせたプランクトンとスケトウダラ密度昼夜別の推定（Miyashita et al., 2002）（[3]：p. 17），デジタルビデオを利用した水中 RS 情報による常磐沖キチジ密度・現存量の GIS による推定（Watanabe and Watanabe, 2004）（[4]：pp. 301-310），ノルウェーの音響調査データの GIS による現存量推定システム（Totland and Godø, 2001）（[2]：pp. 195-201），北海における音響・環境データの GIS を基盤とした地理統計的統合解析によるニシンの密度分布推定（Gimano and Fernandes, 2004）（[4]：pp. 215-225）などがある．

5.2.3　水産資源解析
a．資源評価モデル

水産資源モデルで使用されるデータ（漁獲量，漁獲努力量，年齢組成，成熟，成長パターンなど）は，地理的属性（geo-reference）をもった情報で，通常その性質は空間（海域）により異なる．通常の資源解析では，一般にすべての空間における要因をプールして行われており，上述したデータの空間変動を考慮したより現実的な解析が望まれていた．そのため，空間におけるピクセル単位の情報や情報間の距離を考慮した水産資源評価モデルの必要性が認識されつつある．試験段階であるが，GIS を基盤としたプロダクションモデル，年齢組成モデルが 2000 年前後に開発された．プロダクションモデルの事例では，地中海の底魚類

のCPUEの空間分布と，港からの距離，網の深さの地理情報を含んだ漁獲努力量データを用い，GISによるシェーファー型拡張プロダクションモデル解析がある（Corsi et al., 1999）（[1]：p. 32）．また，コーホート解析（virtual population analysis：VPA）の事例では，南アフリカにおいて，年齢組成の空間変動を年齢組成モデルに取り込み，GISによりpanga（南東大西洋や南西インド洋に生息するタイの一種）資源を解析する方法を開発した報告がある（Booth, 1999）（[1]：p. 31）．その他，水産資源や漁業の空間構造や移動を考慮した資源評価モデル（multifan-cl, a-scalr, casal, stock synthesis II など）が実用化され，近年，特にまぐろ類の資源評価で多く使用され，GISの機能がバックグラウンドツールとして間接的に利用されている[9]．

b．空間統計

データの空間的構造（地理的距離，面積）に基づいた空間統計（geostatistics）を用いる空間統計検定，空間数理解析手法および密度・資源現存量推定のためにGISを利用する研究が進展している．たとえば，資源量指数（たとえば，CPUE，計量魚探SV値など）の等密度面を，GISをプラットフォームとして空間的内挿法であるクリギングで推定し，面積を乗じて累計して資源量を推定し，さらに空間統計でその分散を推定する方法である．以下にいくつかの事例を紹介する．

資源管理に関して，米国では，数理計画法（mathematical programming model）をGISと組み合わせて，複数種を対象にしたニューイングランド州の底魚管理に必要な種々のパラメータの最適化（Warden, 1999）（[1]：p. 30）や，メイン州のウニ資源分布把握のためにGISを用いて最適な調査点配置を決定する方法（Grabowski et al., 2002）（[3]：p. 90）などの事例がある．空間統計検定では，通常のt検定に空間統計の概念を組み込み，空間的に分布する2種グループの平均密度の有意差を検定する空間t検定を開発した．これを太平洋オヒョウのCPUE空間分布の2年間のデータに適用し，GISを利用してCPUE間の距離を計算し，2年間におけるCPUE分布密度に統計的な有意差があるかどうかを検定した．その結果，通常のt検定では有意差がないが，空間t検定では有意差があるといった逆の結果が得られた（Chen and Leickly, 2004）（[4]：pp. 223-240）．また，GLMなどで水産生物のCPUEを標準化する場合，CPUEの独立性が仮定されているが，水産生物の個体間距離が近い場合，隣接したCPUEは同様の性質をもつため，独立性の仮定が満足されない．そのため，標準化されたCPUEには空

間的自己相関によるバイアスが内在している．この問題に対処するため spatial GLM が開発された[10]．

空間構造を考慮した現存量・密度推定に GIS を適用した事例には次のようなものがある．GIS を用いてカナダにおける貝の一種（geoduck clam）の現存量を推定した例（Murfitt and Hand, 2004）（[4]：pp. 289-300），地中海における底魚資源量を推定した例（Pertierra and Valavani, 1999）（[1]：p. 27），デジタル写真情報から海草の資源量を推定した例（Sampson et al., 2001）（[2]：pp. 157-166）などである．

音響調査データによる現存量推定でも GIS や空間統計を応用した手法が発展しつつある．マレーシアの排他的経済水域（exclusive economic zone：EEZ）内における音響資源調査を計量魚群探知機（FURUNO：FQ 70）により行い，SV データを海洋版 GIS（marine explorer）を使い現存量を推定した例（Ali et al., 1999）（[1]：p. 56），オーストラリア南西部においてミナミマグロ幼魚加入量の資源調査を全周ソナーにより行い，ソナー士が発見し推定した魚群トン数をもとに，DISTANCE（ライントランスセクト法を解析するソフトウェア）[11]と海洋版 GIS を組み合わせ，調査期間中の 1 歳魚加入群の資源量を推定した例（Nishida et al., 2001）（[2]：pp. 89-106）がある．

水産資源音響調査や海洋観測データから得られる資源密度や水温・塩分などのコンタ推定（等密度面，等温面，等塩分面などの推定）は，GIS を用いてクリギング（空間内挿）により行うことが多い．空間内挿法には，minimum curvature, nearest neighbor, polynomial regression, Shepard's method などの手法があるが，分布状況，メッシュサイズなどの条件でコンタ推定結果は大きく変わる．今後，分布パターンや解像度に応じて，どのクリギング法を使用すれば最も現実的なコンタ推定ができるのか，判定基準に関する GIS 研究者と空間数理統計の専門家との共同研究が必須である[1]．

c. 漁海況予測

漁海況予測は，資源評価，海洋環境・水産資源分布変動解析などで得られた幅広い知見を用いて，統合的空間解析により実行する必要がある．そのため，GIS の特性を十分生かした技術が進展中である．漁海況予測（または，水産生物の空間分布・密度パターン予測技術）は，その前段階で定性解析・数値モデル化が必要であるが，いままでは定性解析のみによる直感的な漁海況予測が主流であっ

た.しかし,多くの情報のデジタル化が可能となり空間数値解析・モデル解析が軌道に乗り始め,それに伴いより精度の高い漁海況予測が開発されつつある.事例としては,日本海スルメイカの産卵海域を,人工衛星からの表面水温と海底地形情報を使用し GIS で予測する方法の開発[12],黒海における GIS による漁海況予測システム(Panov, 1999)([4]: pp. 215-219),チリにおけるリモートセンシングと GIS による漁場予測技術の開発(Silva et al., 2004)([4]: pp. 311-322)ほか多数がある.また,時空間の解像度を,数日,数 km^2 の高解像度の単位に絞ったファインスケールデータを使い,ピンポイントで漁場予測を実施する技術が日本で進展中である.事例として,環境シミュレーション研究所(2007)([6]: pp. 341-346),斎藤[13]および Kiyofuji ら(2007)([6]: pp. 313-324)などがある.

5.2.4 漁業・資源管理

前述の水産生物分布や水産資源解析の結果をもとにし,混獲管理,漁獲努力量・漁船管理,生態系管理といった漁業管理に GIS を利用した手法が進展しているので,それらの現状を概説する.

a. 混獲管理

混獲緩和対策として,混獲生物の時空間分布を把握して漁場と GIS でオーバーレイし,混獲を最小化する最適漁場を探索する手法が,1990 年後半から発展している.特に混獲管理の厳しい北米でこの分野における GIS の活用が多い.事例として,北太平洋ベーリング海のオヒョウはえ縄漁業における海鳥混獲緩和のための GIS による海鳥混獲緩和技術開発(Smoker, 1999)([1]: p. 84),米国アラスカ州における混獲緩和のための解析ツールしての GIS 利用(Mikol, 2007)([4]: pp. 607-614),アラスカ湾底魚漁業における混獲種(カニとサケ)漁獲緩和のための GIS による時空間別保護区域(禁漁区)の特定(Ackley, 1999)([1]: p. 25),および米国メイン州ハドック漁業におけるネズミイルカ混獲回避のための GIS による漁業管理(Sheehan, MIT, USA,私信)などがある.混獲種・漁獲対象種の平均的な分布情報を用いる場合が主流であるが,環境変動による混獲生物の分布変動も考慮した,より現実的な手法も進展中である.

b. 漁獲努力量・漁船管理

漁獲努力量・漁船管理に関して,行政による GIS の利用・活用が近年,活発

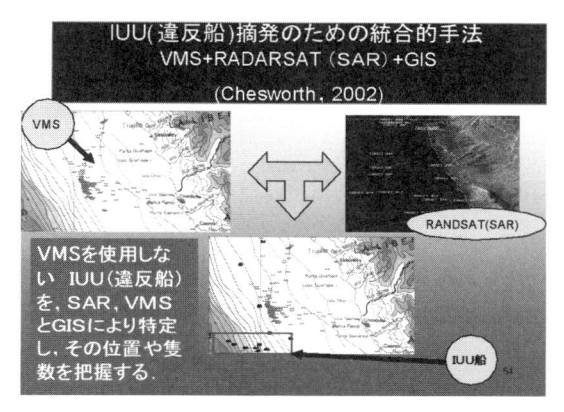

図 5.4 VMS，SAR（合成開口レーダ衛星）および GIS を利用した IUU（違反船）摘発のための統合的手法を示した模式図（Chesworth, 2002）（[3]：p. 11）

化しており，特に漁獲努力量管理・漁船モニタリングでの応用が多い．事例としては，ナミビアにおけるメルルーサ・トロール漁船管理のための分布変動に関する GIS 解析（Johnson, 2004）（[4]：pp. 673-678），セーシェルのスクーナー漁業における漁獲努力量の GIS による分布把握（Payet, 2002）（[4]：p. 41）などがある．特に，SAR と漁船監視システム（vessel monitoring system：VMS）情報を GIS へオーバーレイし，違反船（IUU）摘発や漁船（操業位置）を監視するために VMS/GPS や電子チャート（C-MAP）と GIS をリンクさせた手法がある．事例として，Afonso-Dias（2004）（[4]：pp. 323-340）（図 5.4）や O'Shea（2007）（[6]：pp. 275-284）がある．この手法は地域漁業管理機関，たとえば太平洋フォーラム漁業機関（Forum Fisheries Agency：FFA），北西大西洋漁業機関（Northwest Atlantic Fisheries Organization：NAFO），欧州委員会（European Commission：EC）などや，外国船が自国の EEZ で操業する漁業国でその利用が活発になっている．大洋州では，ニュージーランド（Chesworth, 2002）（[3]：p. 11），FFA，またインド洋では，セーシェル，インド，モーリシャス，オマーンなど，入漁料を支払った外国船が自国の EEZ で操業する沿岸国・島嶼国で GIS と VMS などを組み合わせた漁船監視が活発になっている．

c．生態系管理

国連食糧農業機関（Food and Agriculture Organization of the United Nations：

FAO)の「責任ある漁業の行動規範」[14]を世界の全漁業国が承認したことから,漁業を継続するための条件として海洋生態系を考慮した資源・漁業管理が漁業国の義務となっている.このため,各国の行政機関は,「責任ある漁業」を実現するために,海洋生態系と調和した生態系管理手法の開発を迫られている.生態系管理手法に関わる漁業および海洋生態系は,多種・多様・多量の空間情報を含んでいるので,GISは最も適したツールとして利用されている.たとえば,GISを用いて混獲緩和,漁船経営,保護魚種,最適漁獲量など多くのパラメータを総合的に空間解析し,GISの機能であるオーバーレイ手法により,生態系を保全しつつ利益ある漁業が可能となる合理的な最適漁場探索などが開発されつつある.事例として,米国ジョージスバンクでは,禁漁海域を含む複数の底魚魚種管理および漁船の収益を考慮した生態系管理にGISが利用されている(Edwards *et al.*, 2002)([4]: pp. 202-214).また,メキシコ湾では生態系数値解析ソフトウェア(Ecopath)とGISを組み合わせた海洋生態系管理手法が用いられている(Vidal, 1999)([1]: p. 90).その他,南オーストラリアにおける海洋漁業の実態把握とそれに依存する沿岸域経済状況の包括的マッピング(Larcombe and Brooks, 2002)([3]: p. 39),インド洋熱帯まぐろ類生態系管理(西田,未発表)などがある.

5.2.5 ソフト・システム
a. 海洋(漁業)GIS

漁業分野におけるGISの利用・活用・普及を遅らせた原因の1つとして,水産・海洋情報を処理できる専用GISソフトが,21世紀以前は皆無であった点があげられる.実際,第1回および第2回のGISシンポジウムで紹介された研究事例は,大半が陸用ソフトウェアを使用しており,多くの場合GIS専任技師1~2名が科学者をサポートするかたちで研究が進行していた.また,日本の研究・ユーザ環境では欧米のようにGIS専任技師を雇う予算的余裕がないので,研究者みずからが陸用GISソフトを使用する必要がある.しかし,一般にそれらのソフトは習熟するまでに相当な時間がかかり,たとえ予算が確保できた場合においても,ユーザが対象とする海域におけるアプリケーションの作成をGIS専門会社へ依頼する場合も多い.この方法では,多額の経費が必要であり,汎用性もないという欠点がある.これらの要因が,漁業分野へのGISの導入が遅れたお

もな原因となっていた．

　漁業（水産海洋）が関係する空間情報を処理できる一般・陸用ソフトも市販され利用されている．しかしそれらは GIS のある機能に特化したものが多い．データベースでは MS/ACCESS，オラクルほか，表示では MAP/INFO，SAS など，コンタ推定では Surfer，Noesys Transform，衛星情報では MultiSpec，ERDAS，SeaDAS（フリー），TeraScan など，鉛直断面作図では spy glass ほか，海底地形では GEBCO，電子海図ではノルウェーの C-MAP，空間数値解析では S-Plus などの特化タイプ専用ソフト，アプリケーションが充実している．しかし，GIS ではすべてのタイプ（機能）に関する空間解析を1枚の電子白地図上で行うことが必要条件（理想的）である．空間解析のタイプが異なるごとにそれにあった特化ソフトを使用するようでは，総合的解析を効率的に実行できないので真の GIS 解析とはいえない．また，総合的陸用 GIS ソフト（ArcInfo, ArcView など）も頻繁に利用されているが，漁業情報に特化していないため，目的とする漁業分野の空間解析を実行するまでに相当な準備が必要である．自分で準備ができない場合には，専門会社へ外注する場合も多い．また3次元の空間解析機能を含んだ無料または廉価な GIS ソフトあるいは代用ソフト（GRASS，GMT など）も多種あるが，水産海洋情報に適応させるまでは，同様な理由で準備に相当な時間がかかる（Wood, 2004）（[4]：pp. 625-640）．

　以上のことを踏まえると，自分で GIS を駆使できる場合を除き，理想的にはすべての漁業情報に対応でき，かつ特有の空間解析が3次元場で実行可能な専用 GIS ソフトウェアが必要となる．しかも簡単に使用できるものでなければ普及・汎用化しない．これらの欠点をカバーする水産海洋用 GIS ソフトが，過去の3回の GIS シンポジウムで3件紹介された．海洋の4次元情報を処理する GIS ソフト（Kiefer *et al.*, 1999）（[1]：p. 13），計量魚群探知機情報の視覚化と現存量推定ための GIS ソフト（Miyashita, 2002）（[4]：p. 17），および水産・海洋情報専用 GIS ソフト（環境シミュレーション研究所，2007）（[6]：pp. 341-346）である．最後のソフトには全世界の等深線が含まれており，漁業・海洋の基礎情報から衛星情報までプログラミングなしで容易に取り扱うことができる．前述の特化型ソフトの機能をすべてカバーしており，世界でユーザが増加している．

　b．漁船 GIS
　最近，漁船の操業に関係する GIS システムが実用化されている．まず，漁業

者専用 GIS システムや電子ログと GIS をリンクしたシステム FishTrek (Simpson and Anderson, 1999) ([1]: p. 19) および OceanLogic (Mikol, 2005) ([5]: p. 10) が，それぞれ米国アラスカ州を中心に利用されている．米国以外では，英国での FishCAM (ケント大学 Kemp 教授，私信) や EC の電子ログプロジェクト (Eastwood, 私信)，および南アフリカでは OLFISH (Barkai, 2004) ([4]: pp. 599-606) などの事例がある．これらは，GPS を組み込んだ A4 サイズの GIS として現場で好漁場に関わる情報を蓄積し，漁場予測に利用されており，他の漁業国へも波及しつつある．一方，国や漁業管理機関が漁船の違反操業をモニターするため，VMS，RS，電子ログと GIS をリンクさせたシステムが発展している．たとえば，ポルトガルでは，GeoCrust (Afonso-Dias, 2004) ([4]: pp. 323-340)，英国では ODFOMS (Purchase et al., 1999) ([1]: p. 7) といったシステムがある．これらは，漁業管理機関が漁業者に電子ログ・VMS を義務づけ，違反行為を事務所の GIS で解析しモニターするシステムである．さらに，電子ログは精度の高い操業活動の情報を収集してデータ処理を迅速化し，行政担当機関が漁業統計年報などをいままでよりも短期間に発行できるといったメリットがある．現在，GIS をプラットフォームとしたシステムが EU を中心に開発されている．その他の関連システムとして，水揚げ調査，サンプリングプログラムではパーム (ポケット) 型 PC に GPS・GIS を組み込んだ携帯 GIS (http://www.junipersys.com/) が開発され，フィールドで使用されつつある．

c. WebGIS

GIS は通常，1 台のコンピュータを 1 人が利用するタイプが主流であるが，複数ユーザが共通の GIS を効率的・経済的に利用できるインターネット (Web) GIS も発展しつつある[15]．WebGIS には次の 2 種がある．1 つは，管理 (プロバイダ) 側がエンジン (GIS) とデータをもち，そのシステムの中でエンドユーザがデータを選択し，一定の目的でおもに定性的な GIS 解析を実行するタイプである．このシステムを利用すれば，たとえば国や国際機関の水産統計処理および情報の可視化を行う際，標準化された GIS 地図が得られ，かつ共有できるメリットがある．すでにいくつかの機関で実施されている．FAO 水産局の総合版 FIGIS (Carocci and Taconet, 2002) ([3]: p. 12) および養殖版 GISFish (Kapetsuky, 2005) ([5]: p. 5)，マレーシア・プトラ大学のマラッカ海峡水産資源・環境プロジェクト[16]，水産研究のための WebGIS (米国) (Huang, 1999) ([1]: p. 78)

などがある．その他，海洋情報では米国（NOAA，NASA など）を中心に同様なシステムが数多く日常的に広く利用されている．WebGIS のもう 1 つのタイプは，ユーザグループの中心にエンジンとしての GIS があり，ユーザは自分の情報を自由にその GIS で処理し，独立して空間解析を実施する方法である．したがって，前者のタイプでは，エンジン（GIS）・情報ともに共有し標準化された空間解析が実行できるが，後者のタイプでは，エンジン（GIS ソフト）はイントラネットを介して複数のユーザが共有し，データはユーザ自身のものを使用し独立した空間解析を実行する，といった違いがある．

5.3 GIS 利用の課題

前節では，漁業と GIS に関し，過去 3 回の水産 GIS シンポジウムで発表された漁業関連の論文を中心に現状を述べた．本節では，発表内容の変遷や傾向を総括し現状のまとめとする．最近の第 3 回シンポジウム（2005 年）では，過去の第 1 回（1999 年）および第 2 回（2002 年）シンポジウムに比べ，定性的解析では 1 変数による単純な空間解析から，多変数によるより複雑なオーバーレイ解析などの研究事例が急増した．さらに，空間統計解析，空間モデル解析などの定量的空間解析に関する事例が飛躍的に増加し，特に水産資源，漁海況，環境と生息域の分野で顕著であった（図 5.5）．生息域では，水産生物の密度分布と海洋環境情報を GIS により統合的に空間解析し，HSI を推定し，漁海況予測，漁場形

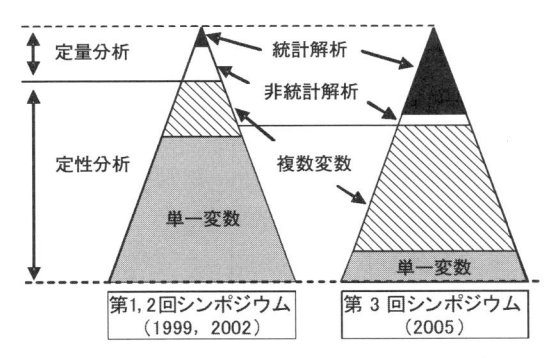

図 5.5 過去 3 回の水産科学 GIS シンポジウムで発表された論文をもとにした，漁業分野における空間解析タイプの変遷（Fisher, 2007）（[6]：pp. 3-26）

成，禁漁区（marine protected area：MPA）設定を行う事例が多くなった．CPUEなどの密度指標は年，季節，環境などに影響されるので，偏りのない指標を求めるために GLM などの多変量解析手法により標準化して使用される．しかし，空間データの性質（ゼロデータ，パッチ状況，線形・非線形など）に対応する最適手法（GLM，GAM，ニューラルネットワークなど）を選択する基準がなく，今後の課題として残されている．

　資源解析分野では，空間統計学と GIS による空間情報を考慮した手法が浸透しつつある．漁海況・漁業管理では，GIS をプラットフォームとし，リモートセンシング（人工衛星・音響）情報と他のハード（VMS，GPS，電子 logbook）を統合的かつリアルタイムで利用する方法が実用化され，IUU 取締まり，高精度の浮魚類漁況予測などの事例が報告された．国際機関（FAO, WorldFish, EC ほか）では WebGIS が実用化されつつあり，インターネットがあれば世界中のどこにいても漁業・水産海洋空間情報を利用できるユビキタスな体制が整い始めている．

5.4　展　　望

　GIS は，基本的には空間解析の役割を果たすツールである．しかし，本章で紹介したように GIS の機能が多方面で進化してきているので，以前のような単純なお絵かきソフトから脱却し，「複雑な時空間情報のデータマイニング」および「創造性・新発見」ツールとしてその価値が，世界の産・官・学で認識されつつある．その意味で，漁業分野において，だれもが使いやすい専用総合型 GIS ソフトウェアが普及し汎用化すれば，準備までの時間やプログラミングに費やす膨大な時間が短くなり，業界（漁業者），科学者，行政（管理者），教育の場において専門家に頼ることなくユーザ自身で短時間に空間解析を行うことができる．そうすれば，GIS 解析結果に関する吟味と再解析などの本質的な作業により多くの時間を割り当てることができる．それにより，速く正確で質の高い空間解析が可能となる．たとえば，資源管理の場合には適切な決定（decision making）を迅速に下せるようになり，GIS による空間解析は今後ますます活性化することになろう．21 世紀に直面している食糧危機を緩和するためにも，持続的な漁業（水産）資源の生産管理方法の開発が必要である．また同時に，海洋生態系に調和し

た責任ある漁業も課せられている．たとえば，通常の資源解析で算出した総許容漁獲量（total allowable catch：TAC），最大持続生産量（maximum sustainable yield：MSY）などを，関係する要因（禁漁期・海域，混獲，複数魚種漁業，漁船経営，食害，幼魚・産卵魚保護海域など）を考慮し，漁獲量，漁獲努力量を時空間に振り分けるような統合的エコシステム漁業管理の実践も，GIS を駆使すれば可能となろう．漁業分野に対応したツールとしての GIS，特に水産海洋専用総合型 GIS の必要性は，今後ますます高まるものと考えられる．漁業（水産海洋）の GIS・空間解析は，数年前までは「静的」な利活用が主流であったが，現在は「動的」で日常業務的（operational）な GIS 世代へと遷移し始めている．

[西田　勤]

引用文献

[1] Nishida, T. (ed.) (1999)：Abstract Proceedings of the First International Symposium on GIS in Fishery Sciences (Seattle, USA), 109 p.
[2] Nishida, T. *et al.* (eds.) (2001)：Proceedings of the First International Symposium on GIS in Fishery Sciences (Seattle, USA), 486 p.
[3] Nishida, T. (ed.) (2002)：Abstract Proceedings of the Second International Symposium on GIS／Spatial Analyses in Fishery and Aquatic Sciences (University of Sussex, UK), 106 p.
[4] Nishida, T. *et al.* (eds.) (2004)：Proceedings of the Second International Symposium on GIS／Spatial Analyses in Fishery and Aquatic Sciences (University of Sussex, UK), 735 p.
[5] Nishida, T. (ed.) (2005)：Abstract Proceedings of the Third International Symposium on GIS／Spatial Analyses in Fishery and Aquatic Sciences (Shanghai Fisheries University, China), 111 p.
[6] Nishida, T. *et al.* (eds.) (2007)：Proceedings of the Third International Symposium on GIS／Spatial Analyses in Fishery and Aquatic Sciences (Shanghai Fisheries University, China), 494 p.

※[1]～[6]　（出版：Fishery-Aquatic GIS Research Group. http://www.esl.co.jp/Sympo/index.htm）

1) 西田　勤ほか（2004）：水産海洋分野における現状と展望．海洋，36(5)：346-356.
2) 平田更一（2004）：GIS 技術の国際規格化とその将来．海洋，36(5)：360-364.
3) 西田　勤（1999）：地理情報システム（GIS）．漁業と資源の情報学（水産学シリーズ 121，青木一郎・竹内正一編），pp. 58-68，恒星社厚生閣．
4) Meaden, G. I. and Chi, T. D. (1996)：Geographical information systems—Applications to marine fisheries (FAO Fisheries Technical Paper 356), 335 p.
5) Nishida, T. and Lyne, V. (1996)：Preliminary spatial analyses on distributions of young southern bluefin tuna (*Thunnus maccoyii*) (CCSBT／RMWS／96／18), 17 p.
6) Romena, N. (2000)：Factors affecting distribution of adult yellowfin tuna (*Thunnus alba-*

cares) and its reproductive ecology in the Indian Ocean based on Japanese tuna longline fisheries and survey information. ベルギー・ブリュッセル自由大学修士論文, 87 p.
7) 高橋紀夫ほか (2007): Habitat Suitability Index モデルを使ったミナミマグロの分布解析. 2007年度水産海洋学会研究発表大会要旨集: 98.
8) Wang, J. (2006): Modelling the habitat suitability for bigeye tuna (*Thunnus obesus*) in the Indian Ocean based on quantile regression. 上海水産大学修士論文, 40 p.
9) Eastwood, P. D. *et al.* (2008): Understanding and managing marine fisheries with the aid of a digital map. *Advances in Fisheries Science. 50 years on from Beverton and Holt*, pp. 85-103, Blackwell Publishing (in press).
10) Nishida, T. and Chen, D.-G. (2004): Incorporating spatial autocorrelation in the general linear model with application to the yellowfin tuna (*Thunnus albacares*) CPUE standardization of longline fisheries in the Indian Ocean. *Fisheries Research*, 70: 265-274.
11) Laake, J. L. *et al.* (1994): DISTANCE user's guide. Colorado Cooperative Fish & Wildlife Research Unit, Colorado State University, 84 p.
12) Sakurai, Y. *et al.* (2000): Changes in inferred spawning areas of Todarodes pacificus (Cephalopoda: Ommastrephidae) due to changing environmental conditions. *ICES Journal of Marine Science*, **57**: 24-30.
13) 斎藤克弥 (2004): 水産 GIS の開発と漁業情報サービスへの利用. 海洋, **36**(5): 387-391.
14) FAO (1995): Code of conduct for responsible fishing. http://www.fao.org/DOCREP/005/v9878e/v9878e00.htm
15) プリュー, B. 著, 岡部篤行ほか訳 (2001): インターネット GIS, 217 p, 古今書院.
16) JICA (2003): マレーシア水産資源・環境研究計画終了時評価報告書 (自然水・JR・03-013), 106 p.

6 施設管理・ライフラインとGIS

　日本における GIS の最初の本格的な実用化は，ガス企業の施設管理において，1970 年代より始まった．これは，大都市におけるガス導管網などの地下埋設物が非常に輻湊し，1970 年には大阪の天六で死者 88 名にのぼる大事故が起きるなど，その維持管理に GIS の利用が必要不可欠であったことが大きな要因である．ここでは，施設管理における GIS の利用例として，施設管理から営業戦略までを統合的に行っている東京ガスの GIS，ならびにそれを発展させ，東京および 12 政令指定都市ですべての地下埋設物を総合的に管理している道路管理システムを紹介する．

6.1　東京ガスにおける統合型 GIS

　東京ガスでは，1977 年より設備管理のための地理情報システムの開発に着手し，1983〜1987 年に約 3 万枚の導管図面を入力した．さらに，1987〜1989 年に約 2 万 2,000 枚の供給管図面の入力を完了した．この地理空間データベースには約 3,000 km^2 に及ぶ供給エリア全域の本支管，供給管，ガバナー，バルブなど，ガスの供給に関わるあらゆる設備の位置と属性，道路などの地形，ならびに需要家の家形，家名までが含まれ，データベースの容量は 10 GB 以上にのぼっている．1990 年以降は，この膨大な地理空間データベースと GIS 技術を利用し，戦略分野での活用がスタートするとともに，モバイル GIS 技術を活用したフィールド分野での活用がはかられている[1]．ここでは，東京ガスにおける GIS の発展形態，全体システム構成，具体的アプリケーションとして，モバイル GIS と地域戦略支援 GIS に焦点を当てて説明し，さらに今後の展開について述べる．

6.1.1 東京ガスにおける GIS の発展形態

　東京ガスにおける GIS の発展形態は，大別すると 3 つのフェーズに分けることができる．約 3 万枚の導管図面を入力し，GIS の構築を行ったフェーズ I（1977～1987 年），CIS（需要家システム）との統合を行ったフェーズ II（1988～1992 年），GIS をモバイル分野，戦略分野に展開したフェーズ III（1993 年以降）である．各フェーズにおける地理空間データベース，具体的アプリケーションについては表 6.1 に示すとおりである．

表 6.1　東京ガスにおける GIS の発展形態（東明, 2000）[1]

	概　　要	地理空間データベース	具体的アプリケーション
フェーズ I AM/FM の構築	図面管理（AM），設備管理（FM）の基本構築 （1977～1987 年）	3 万枚の本支管データベースの構築 （本支管，バルブ，ガバナー，地形，地名）	図面管理システム 設備管理システム
フェーズ II 統合型 GIS の構築	需要家システム（CIS）との統合，統合データベース（DB）の完成 （1988～1992 年）	2 万 2,000 枚の供給管データベースの構築 （供給管，ガスメータ，家形，家名）	統合情報検索システム 導管網解析システム 設計システム
フェーズ III GIS の展開	モバイル GIS，戦略 GIS （1993 年以降）	戦略データの入力 （先行投資エリア，先行投資計画管，人口予測データ，住宅地図データ）	保安計画立案システム 地震防災復旧システム 緊急保安業務支援システム レーザ・メタン検知システム 最適投資計画支援システム 営業戦略システム

6.1.2　全体システム構成

　東京ガスにおける GIS を中心としたシステム構成を図 6.1 に示す．図からも明らかなように，GIS の地理空間データベースならびに CIS（需要家システム）のデータベース群は，幕張の情報通信部のコンピュータに設置されてあり，GIS は HP の ALPHA 8400 で，CIS は IBM でホスト集中管理されている．全事業所とは高速デジタル回線で結合し，EWS，PC，携帯端末を含む約 6,000 台の端末，ならびに緊急自動車 200 台に接続している．地理空間データベースは，すべてホストで集中管理されており，事業所に設置された約 100 台の端末から工事報告のつど常時，データベースの更新がオンライン・リアルタイムで行われている．一部のデータベースは，分散配備された EWS や PC に定期的にダウンロードされ

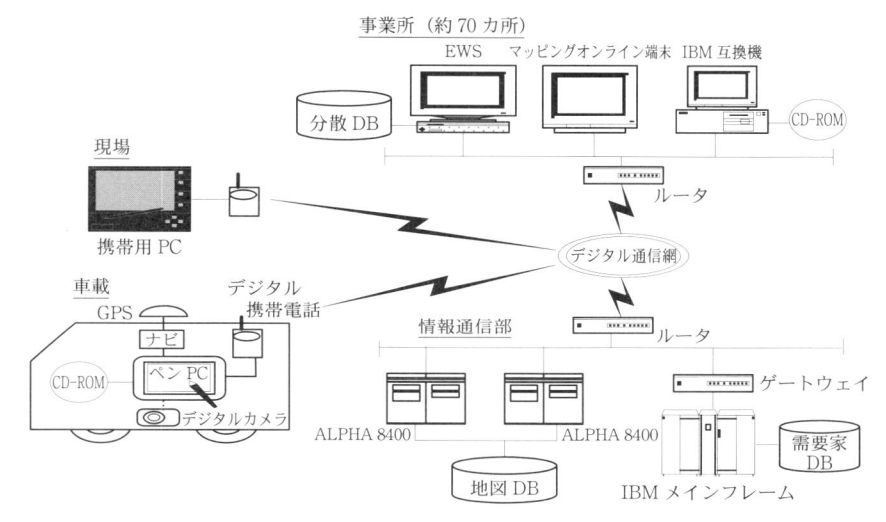

図 6.1 システム構成（東明, 2005）[2]

るとともに，やはり同様に CD-ROM に焼きつけて，全社に配布している．データの鮮度により検索の応答スピードが要求される場合や，地震などで回線がダウンしたときに，これらの分散データベースは有効に利用される．緊急自動車の携帯端末では CD-ROM のデータを利用するとともに，自動車電話によりホストコンピュータにアクセスし，最新のデータも利用できる．

6.1.3 具体的なアプリケーション例

a． モバイル GIS：緊急保安業務支援システム（EAGLE 24）

地理空間データベースを，フィールド業務の現場で GIS を利用して高速かつ容易に利用できる環境を，モバイル GIS と呼んでいるが，以下にその代表例として，緊急保安業務支援システムを説明する．緊急保安業務とは，火災やガス漏洩通報などの非常時に応急対応を行うものであり，東京ガスでは，このために「ガスライト 24」という専門部署を配置している．各ガスライト 24 は，指令基地とその周辺に配置された複数の処理基地から構成され，非常時には各基地に分散待機している緊急車両が出動する．

このシステムは，図 6.2 に示すように，基地側システムと車載システムから構成される．基地端末は，図に示すように地図系情報と文字系情報を扱う 2 画面が

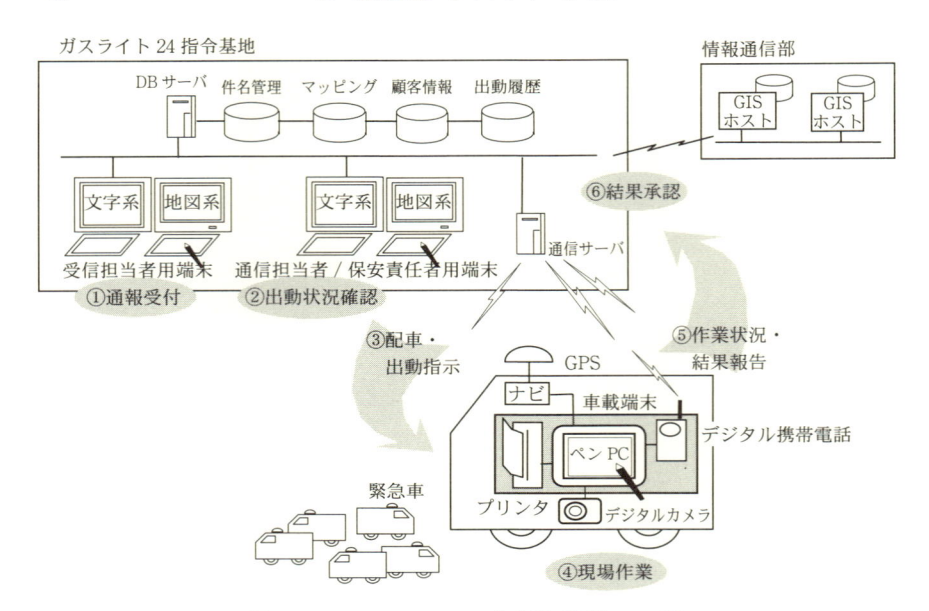

図 6.2　EAGLE 24 システム概念図（東明，2000）[1]

連動して機能する．車載端末は，ペン PC・デジタル携帯電話・プリンタをアタッシュケース型に一体化したものである．基地側システムとデータ通信を行うほか，ナビゲーション装置やデジタルカメラと接続している．

基地端末では，受付内容の登録時に出動先の住所や顧客の電話番号を入力すると，その付近の導管図，出動履歴情報および需要家情報が連動検索表示される．また，「作業状況管理図」（図 6.3）と名づけた道路ネットワーク図の上に，目的地が受付番号とともにシンボル表示される．同じ図上に各基地の車種別待機車両台数も表示でき，どの基地からの配車が適切であるかを，それをみて通信担当者が決定する．

車載端末は，基地側システムから受付内容や指示内容を受信し表示する．このとき，地図や需要家情報は，あらかじめ基地側で検索されたものが送られるので，現場で改めて検索する必要はない．ナビゲーション装置が搭載されている場合には，目的地の座標が車載端末からナビ装置に送られ，目的地への最適経路誘導が行える．現場から作業動態や現在位置を送信すると，基地側の作業状況管理図がリアルタイムに更新され，基地では全作業件名の進捗状況の把握ができる．

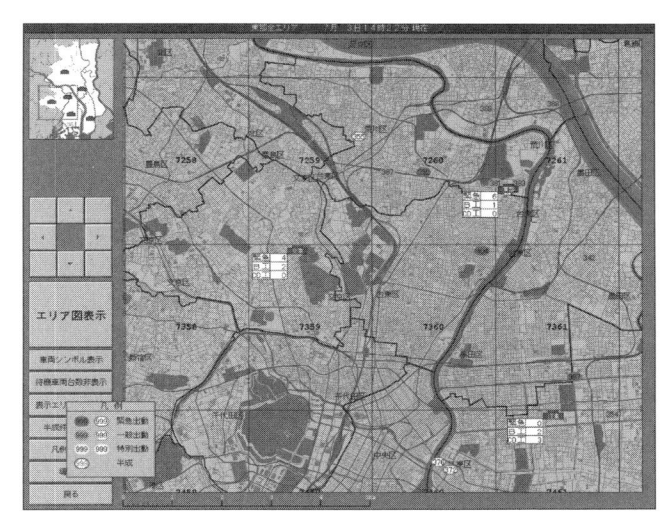

図 6.3 作業状況管理図（東明, 2000）[1]

図 6.4 モバイル（可搬型）車載端末（東明, 2000）[1]

さらに，車載端末からメモ，現場写真，作業報告書などを作成・送信することができ，言葉だけでは説明できない現場の状況でも，迅速かつ詳細に基地側に伝えることができる．図 6.4 に緊急車内の車載端末の使用状況を示す[1]．

b. 営業戦略支援 GIS

営業戦略支援 GIS は，GIS の地理空間データベースならびに CIS のデータベー

スが統合化されたことにより，リフォーム需要，建替え需要，器具の買替え需要などの営業ターゲットを地図上に表示し，具体的な営業戦略支援を行うものである．図 6.5 はガス機器の購入時期と建物の建築時期からリフォームや器具の買替え需要の顧客を絞り込み，具体的に地図上に表示して現場の営業活動を支援しているものである．

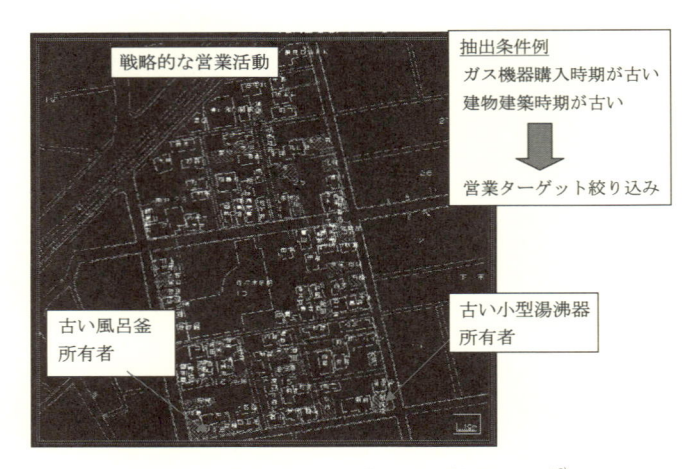

図 6.5　営業ターゲットの絞り込み（東明，2005）[2]

c. 地域戦略支援 GIS

地域戦略支援 GIS は，GIS で支援するシステムで重点投資地区の選定，最適導管投資計画を行うものである．重点投資地区の選定は，建物の新築予測件数・密度または人口推移など，将来の需要予測に関するデータとガス設備の普及状況を表すデータから導管投資効率のよいエリアを自動的に選定する．図 6.6 は導管密度ならびに将来需要より，投資効果の高いエリアを丁目単位に集計したものである．

重点投資地区として選定されたエリア内の既存パイプラインルート，需要家・非需要家の分布状況，さらに営業折衝中物件の位置を重ねて表示した地図上において，最適な導管敷設ルートを選定する．

6.2 地下埋設物を総合的に管理している道路管理システム　　　79

図 6.6 エリア別重点投資地区選定（東明，2000）[1]

導管の敷設に際しては，潜在需要の大きな地域に対応でき，かつ投資が最小になるように敷設ルートを画面から入力し，いくつかのケースを検討する．

6.1.4 今後の展開

　ユーティリティ企業を取り巻く環境は，しだいに厳しくなりつつある．ヨーロッパ，米国を中心に起きている規制緩和に伴うグローバリゼーションの波は，徐々に日本に押し寄せつつある．このような環境下でユーティリティ企業が生き延びていくためには，企業が所有しているインフラの的確な把握と，企業がサービスしている顧客の囲い込みがきわめて重要な戦略目標となる．ユーティリティ企業においては，GIS が戦略目標達成のためのますます有効な武器になることは，まぎれもない事実である．GIS を導入して，自己が所有しているインフラを的確に把握しているか否かは，規制緩和，競争時代に打ち勝つための武器だけでなく，企業の格付けをも左右すると考えられる．

6.2　地下埋設物を総合的に管理している道路管理システム

6.2.1　道路管理システムとは

　道路は，交通の発達に寄与しているばかりでなく，われわれの日常生活に欠くことのできない通信，電力，ガス，水道，下水道などの占用物件の収容スペースとしての役割も担っている．道路の路上，上空および地下には，多種多様の占用

物件が収容されており，道路管理者や占用事業者はこれらの状況を把握するために膨大な図面・資料を管理しなければならなかった．道路管理システムは，このような道路空間の有効かつ適正な利用をはかるために建設省（現在の国土交通省），自治体ならびに占用事業者が共同で構築してきた高度な地理情報処理システムである．システムの開発および運用の主体は道路管理センターにおいて行われており，現在，東京都23特別区と全国12の政令指定都市において運用されている．道路管理システムは，道路ならびに占用物件に関する各種の情報を，GIS技術を利用して総合的に管理し，道路管理センター各支部のホストコンピュータと道路管理者や公益事業者の端末機をオンライン接続してデータの相互利用をはかっているシステムである．

道路管理システムが保有するGISデータベースは，道路台帳付図と呼ばれる道路・占用物件を管理するうえで基本となる1/500縮尺の道路台帳平面図（以下，道路台帳図）から必要項目を抽出，デジタル化し，データベースとして構築したもの（道路・地形DB）である．これをベースマップとして，各地区の公益事業者（通信，電力，ガス，水道，下水道，交通など）は自社の設備情報を入力し（占用物件DB），これらを道路管理者および各公益事業者がオンラインで参照できるようになっている．道路管理システムでは，道路管理に関する次の3つの業務がシステム化され運用されている[3]．

① 道路・占用物件管理業務
② 道路工事調整業務
③ 道路占用許可申請業務

6.2.2 システムの構成

道路管理センターのシステム構成を図6.7に示す．各支部には，道路・占用物件などのデータベースを格納するコンピュータが設置され，道路管理者や公益事業者のEWS，PCとオンラインで接続している．

6.2.3 データベース

データベースは大別すると「道路」，「地形」，「占用物件」からなり，全体として305のレイヤから構成されている（たとえば，図6.8）．

1) 道路データ： 道路データは約50のレイヤからなり，道路管理区分，境界

6.2 地下埋設物を総合的に管理している道路管理システム

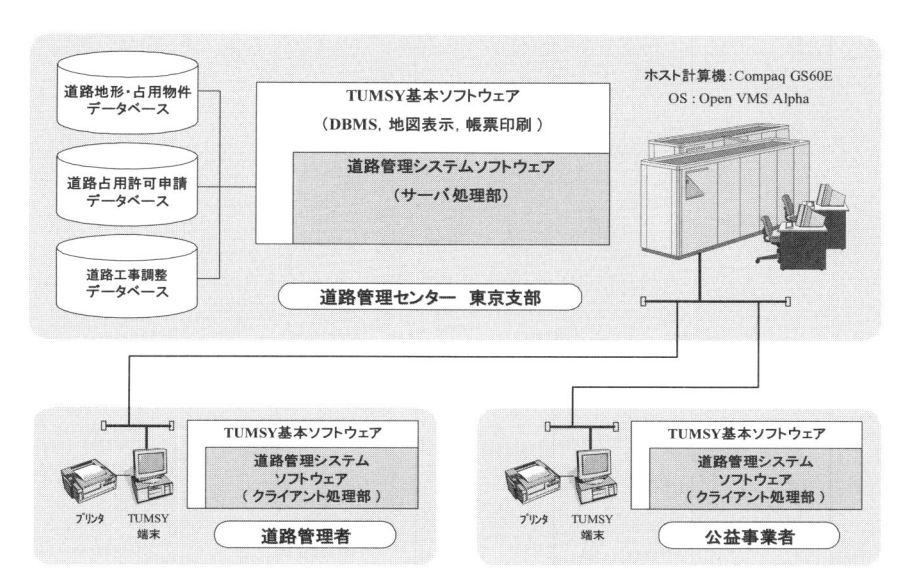

図 6.7 道路管理システム構成(佐藤,2005)[4]
2003 年度のシステム参加者端末台数は約 200 台.

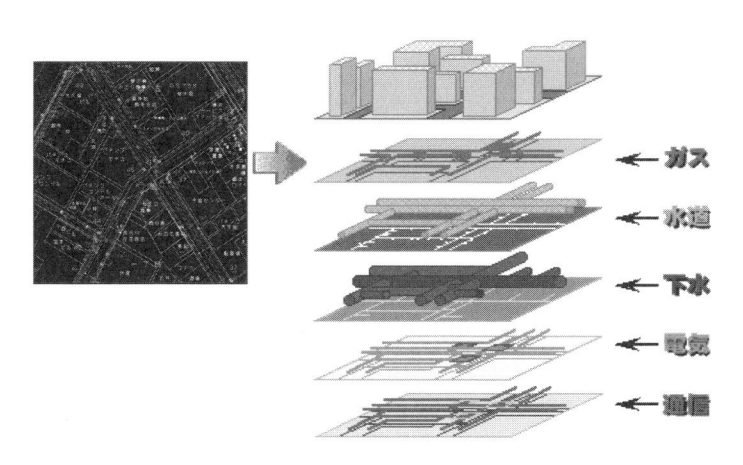

図 6.8 データベース構成(東明,2005)[2]

杭,歩道などの道路構成,道路付属物,橋梁,キャブなどの特殊構造物,それらの道路端からの離れと埋設深さ,さらに工事計画,舗装構成,掘削規制範囲などが含まれている.

2) 地形データ: 地形データは行政境,地番,鉄道,河川,家屋などの約10レイヤから構成されている.

3) 占用物件データ: 当面の占用物件データのレイヤ数は,電気通信(約40レイヤ),電力(90),ガス(30),水道(30),下水道(40),地下鉄(15)である.

道路管理データベースは,1/500縮尺の道路台帳をもとにデジタイザで道路管理センターにおいて更新している.占用物件に関するデータベースは,道路管理者から提供された道路・地形データをもとにみずからの占用物件データを更新し,定期的に道路管理センターへ更新情報を提供している.

6.2.4 道路管理システムにおける3つの業務
a. 道路・占用物件管理業務

道路・占用物件管理システムは,道路管理者が道路データを共通道路空間上に登録し,道路上の占用物件データを公益事業者が登録し,相互に有効利用するためのシステムである.おもな機能は,道路,地形,占用物件などのデータベースの構築・更新・検索である.図6.9に検索の例を示す.

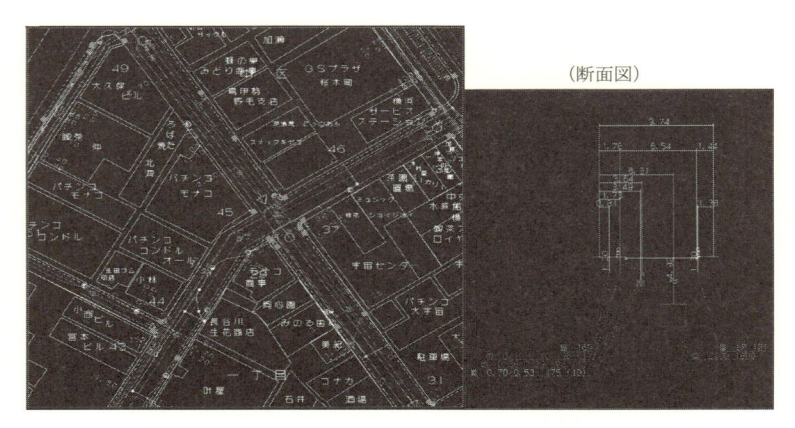

図6.9 道路・占用物件検索(東明・斉藤,1998)[3]

b. 道路工事調整業務

道路管理者と公益事業者が道路工事計画をオンラインで登録し,道路工事調整会議の支援を行うシステムである.道路工事調整会議に必要な道調図面(位置

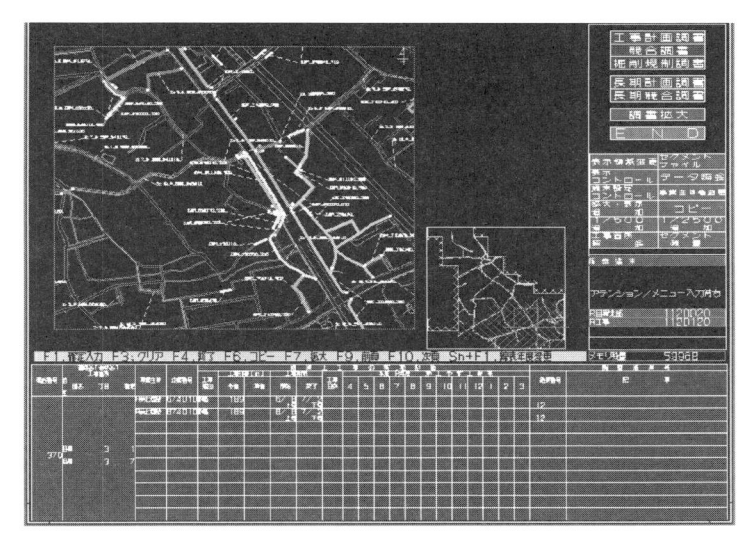

図 6.10　道路工事調整業務における調整図と調書（東明・斉藤，1998）[3]

図）および道調調書の作成，道調会議の効率化，および工事時における検索を迅速に行うことが可能となっている．図 6.10 に道路工事調整業務における調整図と調書の画面を示す．コンピュータで自動的に，道路上の工事箇所で相互に隣接したものを抽出し，調書として表示しそれをベースに道路工事調整会議で調整を行っている．

c．道路占用許可申請業務

公益事業者が行う道路占用申請と道路管理者が行う占用許可のための審査，占用料算定などをオンラインで行うシステムである．これら一連の手続き業務は，小規模なものを含めると 1 政令市当たりで年間 1～5 万件にものぼる．申請，届出など，紙ベースで取り扱われていた各種手続きを電子化することは，1995 年度から政府の「行政情報化推進基本計画」で推進されている．道路管理システムにおいては，1998 年よりオンライン電子申請システムとして運用を開始している．図 6.11 にシステム構成図を示す[4]．このシステムは，道路管理センターのコンピュータを介して道路管理者と公益事業者をオンライン接続し，電子化された書類を即座に受け渡すことを実現し，図に示すように，道路占用許可申請業務に関わる一連業務（申請書類作成，提出，受付，許可，着手，竣工，占用料計

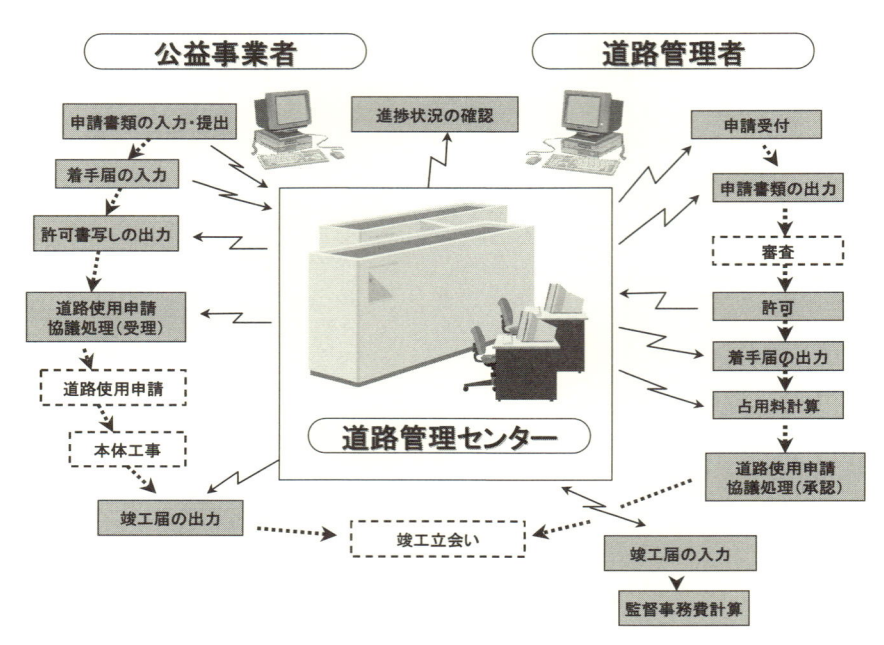

図 6.11 オンライン電子申請システム(佐藤, 2005)[4]

算,進捗管理,集統計,各種精算事務など)をトータルに実現したものである.これにより申請図面作成の効率化がはかれるとともに,申請から許可までがオンラインで行えることにより,トータルの時間の大幅な削減が可能になった.

またこのシステムでは,道路・地形 DB から案内図,位置図を自動作成するとともに,道路工事調整業務システムで登録された工事計画図形を,申請図の工事箇所として登録し各データベースを有効活用することで,図面の部品化,パターン化による図面作成効率の向上をはかっている.図 6.12 に申請図作成画面の例を示す.図から明らかなように,案内図,位置図,部品化された平面図が表示されている.

6.2.5 道路管理システムの今後の展開

道路管理システムは,全国ベースのきわめて大規模で,かつ多くの関係者が参加し,約 20 年の長期にわたって開発・実施された GIS である.開発に際して行われた標準化,技術開発は,その後の GIS 分野にも大きく影響を与えたと考え

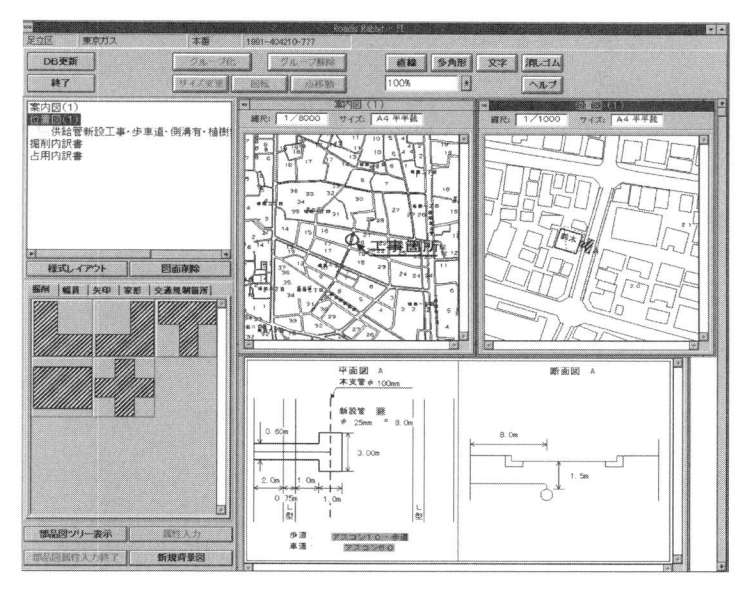

図 6.12 申請図作成のための画面（佐藤，2005）[4]

られる．また，電子申請システムや，設備のライフサイクルのシステムはその後のe-Japan計画を先取りしたものである．さらにセキュリティがきわめて重要になった今日，日本だけでなく米国，オーストラリアなどでその重要性が認識されている．したがって，道路管理システムの重要性は今後ますます増してくると考えられる．

［東明佐久良］

引 用 文 献

1) 東明佐久良（2000）：東京ガスの施設管理におけるGIS利用の現状と戦略．土木施工，**41**(14)：8-13．
2) Shinoaki, S. (2005): Tokyo Gas and ROADIS utility experiences from GITA-Japan. GITA Australia & New Zealand Annual Conference 2005.
3) 斎藤修平ほか（1998）：道路管理システムと空間データ．電子情報通信学会誌，**81**(7)：711-718．
4) 佐藤裕人（2005）：GIS活用オンライン道路占用許可申請システム．GITA-Japan第14回コンファレンス．

7 エリアマーケティングとGIS

7.1 ビジネス分野におけるGISの活用効果

7.1.1 ITとはなにか？

まず，ITがなんであるかを理解する必要がある．IT（information technology）とは，文字どおり「情報技術」のことである．簡単にいえば，各種データベースをコンピュータのハイテク技術を使って分析することである．

このことを勘違いしている経営者が少なくない．企業において各部署のスタッフ各自にコンピュータをもたせ，各種のデータを入力整備しデータベースをつくらせている．これで「IT化ができた」と錯覚してしまうのである．データベースそのものは"情報"ではない．

情報は，英語で「information（"イン・フォーメーション"）」という．インプット（入力）してつくったデータベースで，ある目的を果たすためのフォーメーション（組合わせ・分析）をする．そしてでき上がった"モノ"が"情報"なのである．

7.1.2 GISはIT時代のビジネスツール

元来，GISは民間企業にとって身近なシステムではなかったが，パソコンの高機能化・高性能化が進み安価で使いやすいGISが開発されたおかげで，特にエリアマーケティングの分野での利用がさかんになり，いまでは日常的に使われるようになったのである．

GISは，各種のデータベースを目的にあわせたフォーメーションで地図に表示する．つまり，表示された地図をその業務に関わるスタッフが読み取って目的の

マーケティングフォーメーションを考えるということである．要するに，GISは「情報をつくり出す道具（ツール）」なのである．まさにIT時代の申し子的な存在である．

たとえば，ある小売店のエリアマーケティング部門でGISを使うとする．「新規店の出店予定地の商圏を把握する」，「コンピュータに自分の店の周辺地図を取り込んでおいて，その上に店でもっているカード顧客の買い物情報や新聞チラシ広告の結果を検証する」など，GISはいろいろな情報を載せて分析し，その結果を表示するシステムである．

7.1.3　マーケティングの手法が変わる

わが国のマーケティングはいわゆる"ラテ新雑"ですべてが決まる．つまり，ラジオ・テレビ・新聞・雑誌に広告宣伝することである．要は，こうしたマスマーケティングさえしておけばすべて事足りるというわけで，実際にもそのとおりにモノが売れていた．

しかし，消費者の多様化，個性化により買い物に対する考え方が大きく変わり，モノが売れなくなったのである．そこで「これからはコンピュータを駆使した新しいマーケティングが必要だ」といわれるようになった．

その後，PCの急速な発達によって各種の新しいマーケティング手法が誕生した．多様化する現代の市場を細かく分析し，その地域にあったマーケティングを指向し始めたのである．マーケティングの手法も，たとえば，エリアマーケティングの商圏調査から直接消費者へ訴求するダイレクトマーケティング，さらには「one to one」マーケティングなど地域密着型や顧客満足型へと進化する．また，「B to B」や「B to C」，あるいはテレマーケティングやインターネットマーケティング，ビジュアルマーケティング，データベースマーケティングといった手法が次々と生まれた．

これら各種マーケティングを展開するには，それに必要な細かいデータを集積することが基本である．この点は，各社とも重要性を認識しており，今日では多くの企業で社員1人に1台のパソコンを用意しており，日々の業務データは各部署単位でつねに整備されている．ところが，これらの部署のデータが一元管理され，複合的に分析できているかというと，残念ながらそうなっていないのが現状である．もともとのわが国の企業体質というか，縦割りの管理体制が全社的な

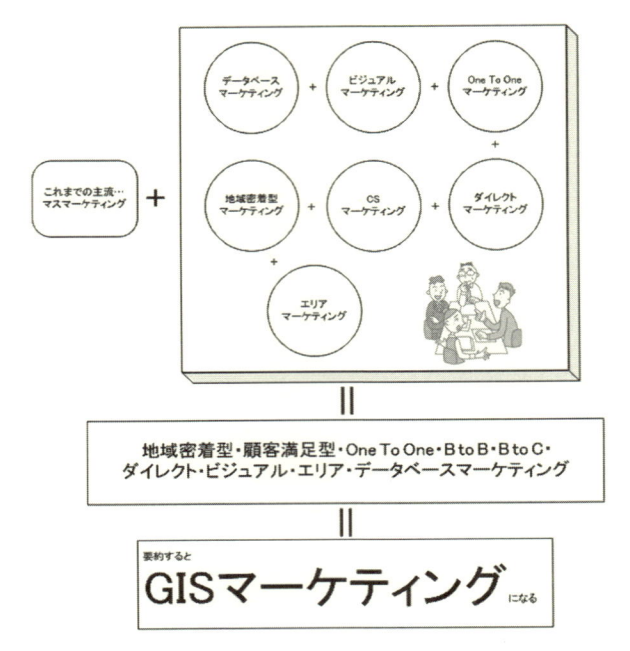

図 7.1 いま求められている GIS マーケティング

マーケティングを阻害しているともいえる．マーケティングとは，それぞれが単独で完結できるものではなく，複合的に関連させなければ成果が出ないものなのである（図 7.1）．

7.1.4 ビジネス GIS と GIS マーケティング

「ビジネス GIS」とは，小売業でいえば，たとえば出店計画や売上予測，既存店の評価，販売促進計画，顧客情報管理，チラシ配布計画，セールス支援システムなどに使うために設計されたものをいう．また，最近ではこの「ビジネス GIS」をもとにして各種のマーケティングを複合的に行うことを「GIS マーケティング」というようになった．

では，GIS マーケティングの基本を図を使って説明しよう．まず自店の商圏範囲の白地図を用意する．次に，鉄道・道路・河川・県境・市区町村界，町丁目界などの"線"の情報を表示する（図 7.2）．さらに人口統計などを"面"に，自店や競合店などを"点"の情報にして重ねていく（図 7.3）．そして，さらに自

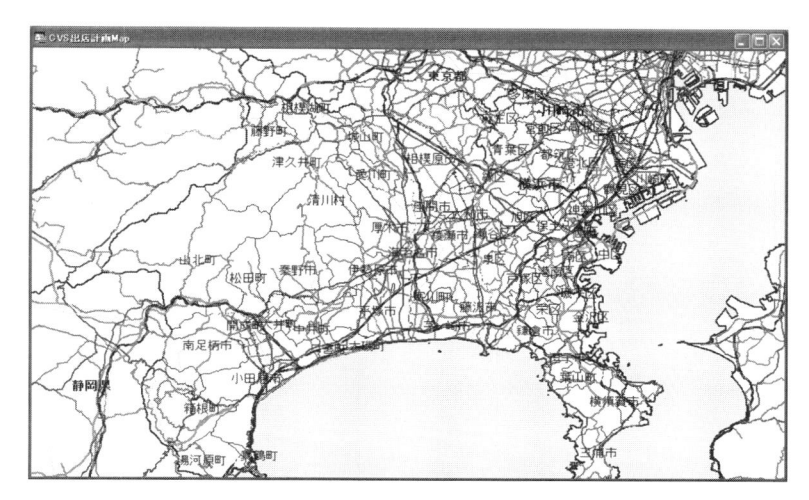

図 7.2　線情報表示

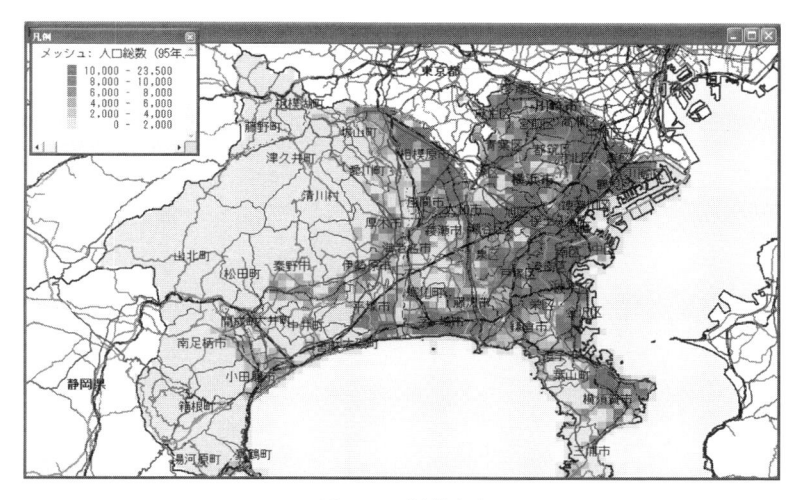

図 7.3　面情報表示

社店や競合店，顧客情報を"点"の情報にして重ねていく（図 7.4）．
　このように，地図上に自店や競合店，または商圏内の人口分布やカード会員顧客などを重ね合わせて表示することを「オーバーレイ」という．また，面・線・点の各種のデータを 1 枚 1 枚の透明なフィルムのようなものに記録し，それを何

7. エリアマーケティングと GIS

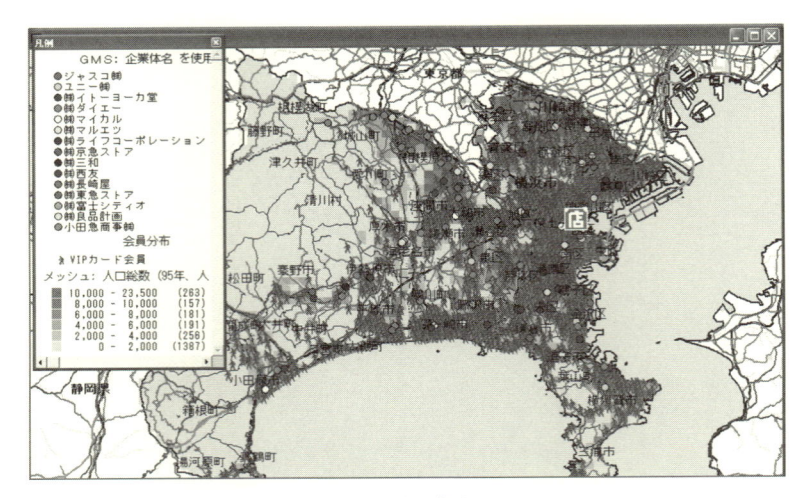

図 7.4 点情報表示

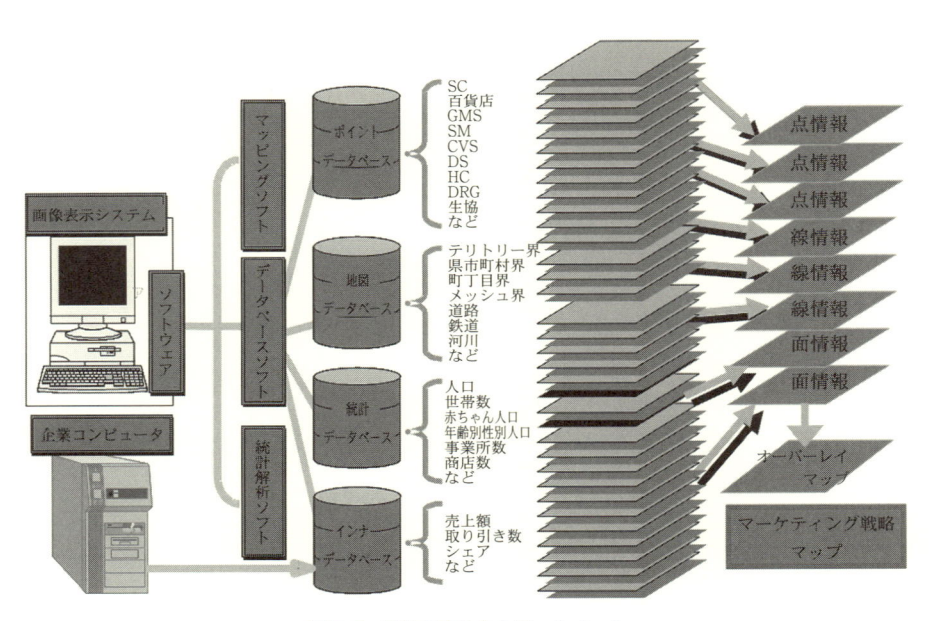

図 7.5 GIS で使用するデータベース

層にも重ねて管理することを，ビジネスGISの「レイヤ構成」という（図7.5）．

7.1.5 GISで使用するデータベース

　コンピュータに地図を取り込み，その上に各種のデータを載せて表示するシステムがGISである．その場合の地図とは，また各種データとはなにかを簡単に説明しておこう．

　通常，一般的に見慣れているのは紙の地図である．最近ではカーナビの地図や携帯電話でみる地図（電子地図）もある．1枚の地図には，市区町村境界や町丁目界を面で示す．道路や鉄道，あるいは河川などが線で示され，駅や公共施設，神社仏閣，学校，病院，レストラン，ガソリンスタンドなどが点で表示されている．これらは表示されているだけである．

　GISでいう"地図"も見た目は同じであるが，地図に属性をもったデータがついており，コンピュータの画面の事物をクリックすると，そのデータの属性が表示できるのが特徴である．ビジネスGISで使用する各種データには，次のようなものがある．

a．統計データ（面情報）
・人口，世帯関連データ（国勢調査，住民基本台帳）
・所得，収入関連データ（個人所得指標）
・商業関連データ（商業統計）
・事業所関連データ（事業所統計）
・消費支出関連データ（家計調査年報）
・職業別統計データ（タウンページ統計）

b．ポイントデータ（点情報）（図7.6）

〔小売店〕　ショッピングセンター，スーパーマーケット，百貨店，ホームセンター，ディスカウントストア，生協，薬局，ドラッグストア，コンビニエンスストア，酒店，家電量販店，ペットショップ，ガソリンスタンドなど．

〔学　校〕　大学（大学院），短大，専門学校，高校，中学校，小学校，幼稚園，保育園など．

〔その他〕　駅，病院，診療所，福祉施設，パチンコ店，映画館，ファミリーレストラン，ファーストフード，タウンページ，法人電話帳など．

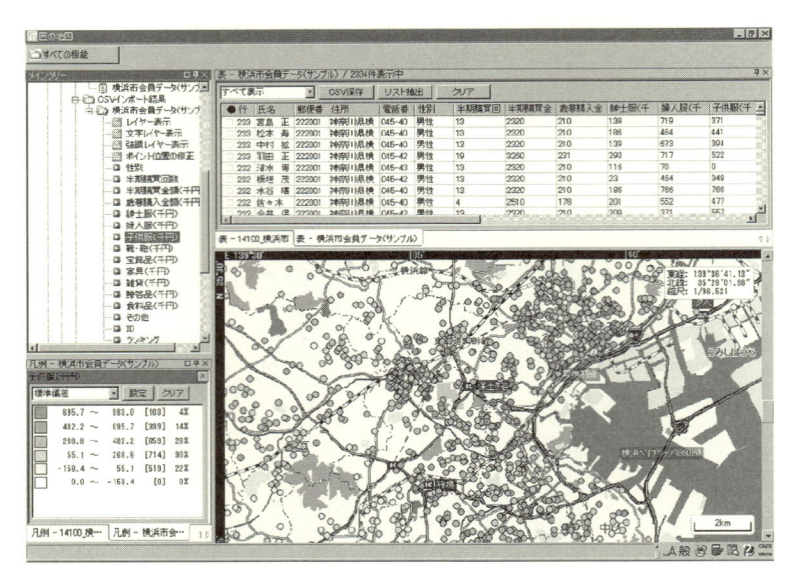

図7.6 ポイントデータ表示の一例

7.2 GISマーケティングの活用分野

GISが実際のビジネスでどのように使われているか

現在，一般的に活用されているGISマーケティングの用途を分野別に列記してみよう．

a. 小売業

商圏調査と日々変化する既存店の商圏分析，既存店売上評価（適正売上評価・部門別売上），既存店販売促進計画（販売強化エリアの抽出），新聞チラシ配布計画・新聞チラシ効果分析，効果的ポスティング配布計画，来店調査と実勢商圏の把握（ウィークデイ・週末・連休・盆・正月・催事チラシ），カード会員顧客の地域別買物実態把握（POS分析），出店予定地の商圏把握（商圏の規模・特性，合店），出店計画，（候補物件評価・潜在需要予測・売上予測など），インストアマーチャンダイジング（棚割システム連動），ストアコンパリソン（店舗比較・競合店比較），新規顧客獲得戦略，顧客情報分析（CRM），カード会員分析（FSP），POSデータ分析，適正品揃え（商品構成）．

b．販売業・サービス業

カーディーラー，損害保険会社代理店，事務機器販売顧客管理，牛乳販売店，飲料販売（小売店・ベンダーマシン設置売上管理），玄関マット・モップ等リース業，美容室向け材料販売業，クリーニング（顧客周り型），新聞販売店顧客獲得（およびルート図管理），セールスマン適正配置計画，取引店ランク適正配置計画，めがね店顧客管理（大型店・小型店），ドラッグストア顧客管理，レンタルショップ（顧客管理・売上分析），飲食店（出店計画・既存店評価・店舗比較・売上分析・メニュー構成・来店調査），広告代理店（広告計画・販促計画），税務・会計事務所（顧問先コンサルティング）．

c．メーカー・卸売り問屋

全国地域別の販売戦略（地域特性の把握・地域潜在需要の測定・地域適正販売量設定），地域販売店の配置計画，地域販売代理店の設置，地域販売戦略（店舗特性の把握・店舗商圏潜在需要の測定），商品企画，カスタマーサービスセンター（新商品の販売先案内・クレーム処理など）．

d．その他

警備会社（カメラ設置・出動支援・災害予測），葬儀屋，冷機設備会社，コンタクトレンズ販売，カラオケ，遊園地，農協，商工会議所，整備工場，宗教団体，不動産販売会社，ボーリング（地層），マンション販売会社など．

7.3　GISマーケティング事例

GISを活用した食品スーパー売上予測事例

以下の事例は，ある食品スーパーの部門別売上予測をしたものである．GISを利用した予測モデルはいくつかある．その中の1つを用いた事例を紹介しよう．

一般的に予測といってもいくつかのケースがある．

① 新規出店支援として「どれくらい売上が見込めるのか」といった開発物件の評価．
② 既存店舗の商圏分析として「自店の実勢商圏エリア・シェア・特性は適正か」などの改善点を確認する場合．
③ 競合店の影響として「新しい競合店が出店してきた場合やその対策のために増床した場合，売上はどうなるか」．

事例：食品スーパーの新規出店における売上見込み

1) 設定条件： 人口密度 2,000 人/km² のローカル地域に，店舗施設（売場面積 1,000 m²，駐車場 160 台，営業時間 12 時間）の食品スーパーを出店した場合について考える．

2) 商圏範囲の確認： 消費者は目的の購入物がある場合，居住する地域性（都会か地方か）や店舗施設の規模によって移動する生活スタイルが変わる．実務者レベルの経験則から，商圏範囲の目安時間を自動車で 14 分と設定した（図7.7）．時間圏（自動車 14 分）で GIS を用いて集計すると，商圏規模は 1 万 8,509世帯，人口 4 万 6,106 人となった（図 7.8）．

3) 影響圏の確認： 商圏に影響する競合店舗の範囲を確認する．商圏の境界線上に居住する人が 14 分かけて自店舗に来るということは，反対方向の 14 分先の店舗にも行くと考えられる．したがって，自店舗から 28 分圏内にある店舗は，自店舗商圏に影響がある．つまり，自店舗の競合店になるということである（図7.9）．また競合対象となる店舗は，スーパーマーケットや GMS（総合スーパー）は当然であるが，最近ではホームセンターやドラッグストアでも食品を扱い，10～30％ くらいの売上構成比があり食品を扱う大型店舗は競合対象となる（事例では，自店舗の影響圏内に 25 店舗が競合対象となることがわかった）．

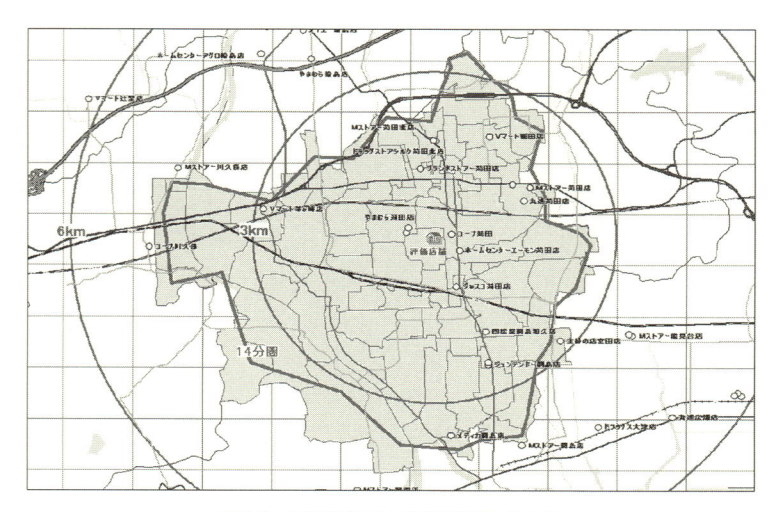

図 7.7　対象物件による時間商圏（14 分）

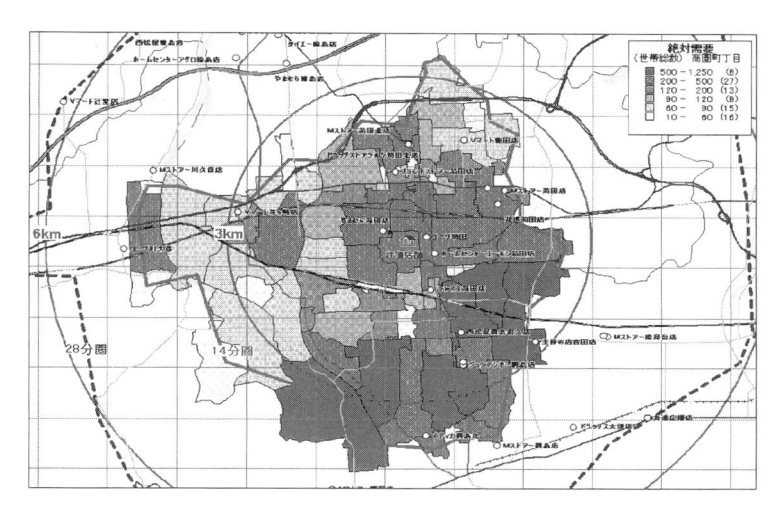

7.3 GISマーケティング事例　　　95

図7.8　14分商圏図内の町丁目別絶対需要度（世帯総数）

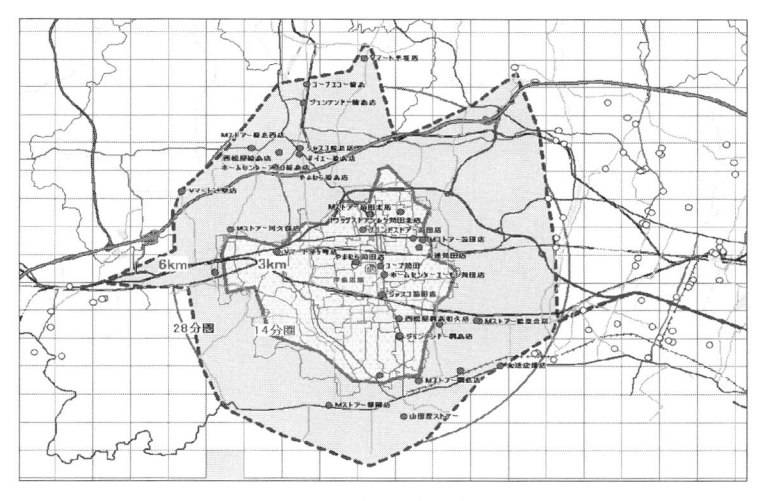

図7.9　自店舗競合範囲

4）道程時間距離の確認：　吸引関係を計算するためのデータとして，商圏の各地域（町丁目）から各競合店舗への道程時間距離をGISの道路データより算出する．このメリットは，河川，鉄道，山岳などの障害物を考慮した実際の消費

者の道程を使用できることである．各ポイント間の渋滞速度，道路幅速度などのデータを使った道程時間距離を算出する．

5）店舗ポテンシャルの確認：　消費者からみた各店舗のポテンシャル（魅力度）を確認する．店舗施設のもつポテンシャルは，食品スーパーの場合，このモデルでは関係要因は，食料品を扱う売場面積と駐車台数，営業時間，および商業集積度と営業力などの要素によって決まる．

商業集積度と営業力などの要素のことをこのモデルではアメニティ A・B としている．これは商業集積度など消費者の空間的な買い物動向だけでなく，営業力（商品力，サービス力，ブランド力など）を説明変数として分析計算に入れる場合に使用する．

各関係要因の比重係数は，数多くの食料品を扱う店舗実績から検証を重ね，実務者の経験則として導き出されたものである（図 7.10）．

6）吸引率の確認：　商圏の世帯数・人口と各店舗のポテンシャルを確認し，各商圏（町丁目）から各店舗までの道程時間距離が確認できることで，この商圏分析モデルを使った吸引係数を計算する．ただし，いつの時点の売上予測をする

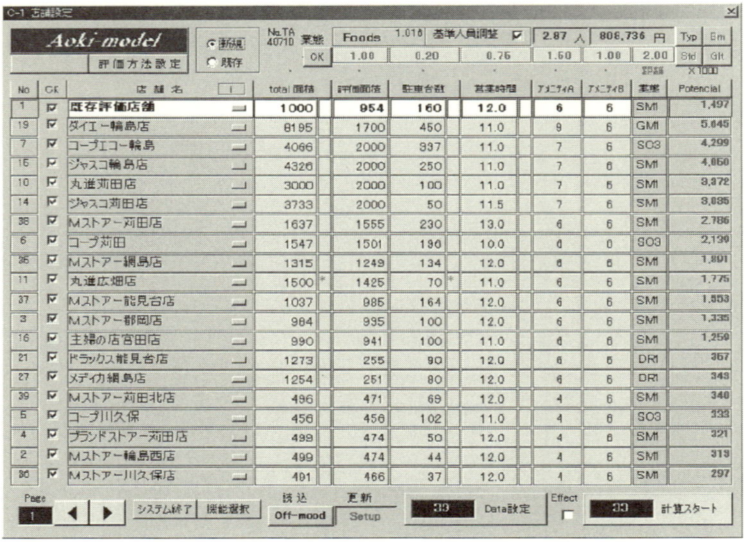

No	CK	店舗名	total 面積	評価面積	駐車台数	営業時間	アメニティA	アメニティB	業態	Potencial
1	☑	既存評価店舗	1000	954	160	12.0	6	6	SM1	1,497
19	☑	ダイエー輪島店	8195	1700	450	11.0	9	6	GM1	5,645
7	☑	コープエコー輪島	4066	2000	337	11.0	7	6	SO3	4,299
15	☑	ジャスコ輪島店	4326	2000	250	11.0	7	6	SM1	4,050
10	☑	丸進苅田店	3000	2000	100	11.0	7	6	SM1	3,372
14	☑	ジャスコ苅田店	3733	2000	50	11.5	7	6	SM1	3,035
38	☑	Mストアー苅田店	1637	1555	230	13.0	6	6	SM1	2,786
6	☑	コープ苅田	1547	1501	196	10.0	6	6	SO3	2,139
35	☑	Mストアー網島店	1315	1249	134	12.0	6	6	SM1	1,891
11	☑	丸進広畑店	1500 *	1425	70 *	11.0	6	6	SM1	1,775
37	☑	Mストアー能見台店	1037	985	164	12.0	6	6	SM1	1,553
3	☑	Mストアー都岡店	984	935	100	12.0	6	6	SM1	1,335
16	☑	主婦の店宮田店	990	941	100	11.0	6	6	SM1	1,259
21	☑	ドラックス能見台店	1273	255	90	12.0	6	6	DR1	367
27	☑	メディカ網島店	1254	251	80	12.0	6	6	DR1	343
39	☑	Mストアー苅田北店	496	471	69	12.0	4	6	SM1	340
5	☑	コープ川久保	456	456	102	11.0	4	6	SO3	333
4	☑	ブランドストアー苅田店	499	474	50	12.0	4	6	SM1	321
2	☑	Mストアー輪島西店	499	474	44	12.0	4	6	SM1	313
36	☑	Mストアー川久保店	491	466	37	12.0	4	6	SM1	297

図 7.10　競合店評価比較表

かによって吸引率は変わる．

7) 売上予測値： この事例の場合，予測結果は，シェア 6.8% で，1,251 世帯を吸引することになった．図 7.11 は吸引率を町丁字ごとに表示したものであ

図 7.11 商圏内世帯吸引率

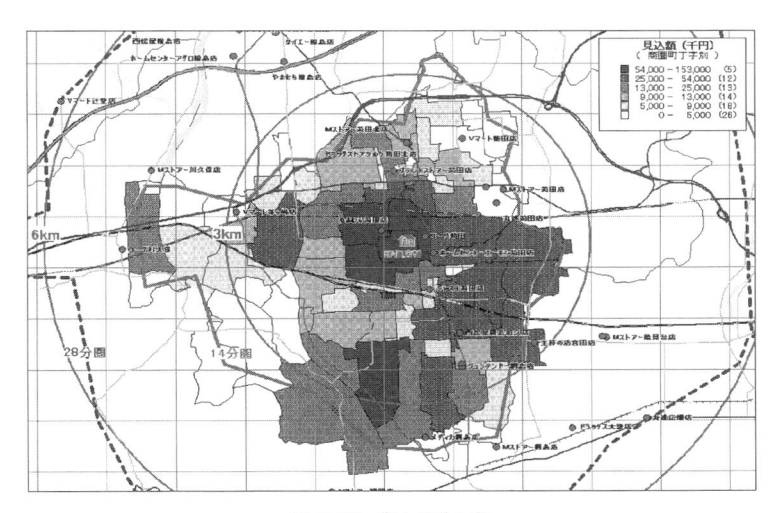

図 7.12 売上見込み額

7. エリアマーケティングと GIS

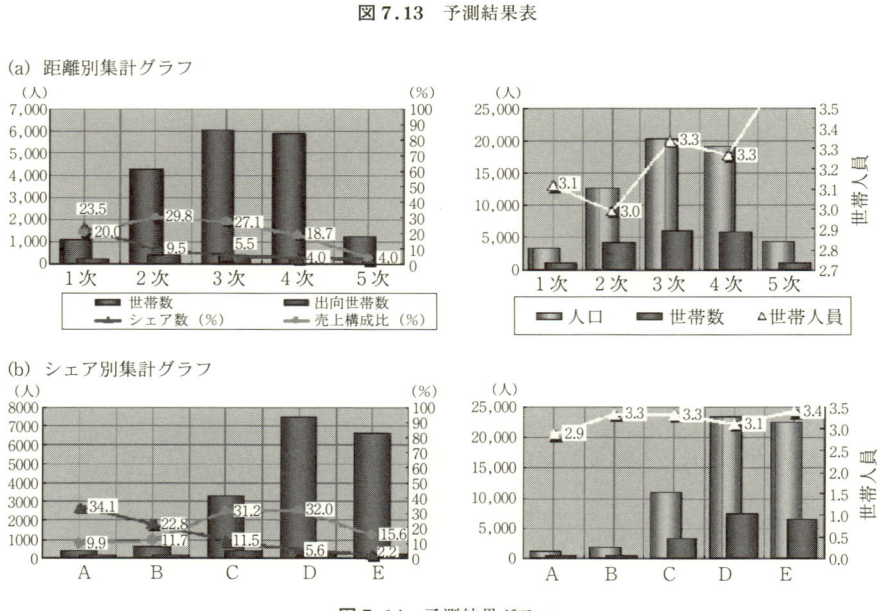

図 7.13 予測結果表

(a) 距離別集計グラフ

(b) シェア別集計グラフ

図 7.14 予測結果グラフ
(a) 1次：1km 未満，2次：1～2km，3次：2～3km，4次：3～5km，5次：5km 以上．
(b) A：30 % 以上，B：30 %～20 %，C：20 %～10 %，D：10 %～5 %，E：5 % 未満．

る．

　この吸引世帯数と食料品を店舗で購入する場合の家計消費支出から，予測売上を計算する．この地域のモデル消費支出は，1世帯平均3.25人，年間91万5,000円であった．つまりこの事例の場合，初年度の売上予測値は，シェア6.8%で年間11億4,500万円となった（図7.12〜7.14）．

　7.2節でも述べたように，ビジネス分野におけるGISの利活用は多岐にわたる．たとえば，来店調査の結果を地図上にプロットすれば自店の実勢商圏が把握できる．また，新聞折込広告をどのエリアに配布すれば効果があるかなど，上記事例のように小売業にとっては必須の業務である売上予測などがあげられる．これまでGISが利用されなかった時代に膨大な時間と労力を費やして予測したにもかかわらず，ここまで正確な予測はできなかったのである．これまでは，長い経験と勘をもった出店のプロに頼ることが多かった．いまではGISで算出された数字を参考にプロが判断するというプロセスに進展し，精度が確実に上がっている．

　マーケティングにおけるGISの利活用の最大の武器は，文字や数字だけでは判断できなかったエリアの状況が一目でわかるというところにある．たとえば，自社がもっている顧客情報を地図上にプロットするだけでも思わぬ発見がある．大手企業に限らず中小企業，個人事業者にも十分に活用できる素地がある．インターネットを利用すれば廉価でGISマーケティングが可能である．今後のマーケティングには，各種の業務にGISをいかに効果的に運用するかというノウハウが求められている．

［平下　治］

8 位置情報サービスとGIS

　大学時代，卒業研究のテーマが経路探索のアルゴリズムであったことからナビゲーションの研究に興味をもち，以来，ナビゲーションの研究に20年以上携わっている．近年，携帯電話にもGPSが搭載されるようになり，特にモバイルナビゲーション市場での利用は年々拡大している．本章では，経路探索のアルゴリズムとはなにか，また筆者の所属している株式会社ナビタイムジャパンを例に，はモバイルナビゲーション技術を用いたビジネス展開について述べる．

8.1　経路探索のアルゴリズム

　最短ルートを効率よく求める方法としては，エドガー・ダイクストラ（Edsger Dijkstra）が考案したラベル確定法（通称：ダイクストラ法）が最もよく知られている．ここでは，新宿の都庁付近のある地点を出発地として，目的の地点Aまでの走行距離による距離最短ルートを求める方法で解説する．図8.1は，新宿駅周辺の道路を抽出したネットワークで，太い線が国道や都道，細い線が一般道を示す．まず，図8.1のネットワーク全体にマッチの黄燐のような燃えるものを塗り，出発地に火をつける．すると，火はネットワークの道路上を等速度で進み，赤く燃え広がっていき，ある時点で地点Aに到達する．この様子を真上からビデオカメラで撮影して巻き戻すと，地点Aに最初に到達した火が，どの道路を通ってきたのかを調べることができる．これが最短ルートとなる．この火が広がっていく様子をバケットやヒープなどの配列を使いながら1秒ごとに進めていくアルゴリズムが，ラベル確定法である．

　この方法では数学上，最短経路を効率よく求めることができるが，実際にナビ

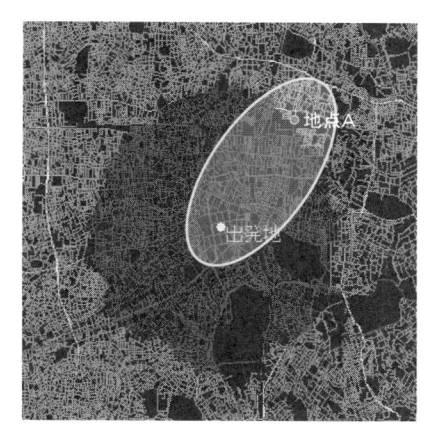

図 8.1 ラベル確定法の探索エリア

ゲーションサービスとして利用する場合，2つの大きな問題点が生じる．第1に，実際の道路は日本だけでも2,000万本以上あり，このように大容量のデータを対象にした場合，サーバでもメモリやCPU能力が不足してしまう．第2に，数学上で求める最短ルートと，ユーザがよいと判断するルートが異なるケースが多々起こるという点である．

まず，メモリ不足の問題では，最短ルートが探索エリア（図8.1の出発地から同心円状に広がっている探索エリア）に含まれるという性質を利用すると，最短ルートが含まれないであろうエリアは探索しないということを考える．簡単な例としては，図8.1に示すように，出発地と目的地を含む楕円で囲み，その中だけを探索すればよい．しかし図8.2のように，出発地と目的地の間に道路がない場合，楕円で囲むルールを用いるとルートが求まらなくなる．このように楕円で囲むアルゴリズムは，そのままだと実用的でないことがわかる．仮に楕円で囲むルールを用いた場合には，その範囲で経路が求まらなかった場合，楕円領域を広げていくといったロジックを組み込むなどの改良が必要となる．実際のサービスではA＊アルゴリズム（エースターアルゴリズムと読む）のように，出発地から目的地の方へ向かうリンクを伸びやすくしたアルゴリズムや，出発地と目的地の両方から互いに向かって探索を進める双方向探索などをベースにしたアルゴリズムがよく用いられている．

次に，最短ルートと最適ルートの違いをどのように解決していくかについてで

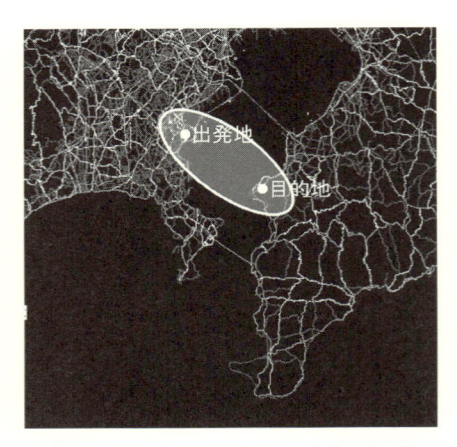

図 8.2 出発点と目的地の間に道路がない例

ある．たとえば，車ルートの場合，数学上では3回右左折するルートが「最短」で求まったとする．しかし，実際にユーザーは走行距離が最短ルートより100m長くても，左折1回だけのルートの方が運転しやすいので「最適」と判断するかもしれない．このように実用では，必ずしも「最短ルート」が「最適ルート」であるとは限らないケースが多い．経路探索のアルゴリズムをビジネス化する場合は，ユーザの観点でよいルートを求めることが重要であり，そのためになぜそのルートがよいと判断されるのか，またそれはどのようなアルゴリズムを構築すれば求まるかなどの分析および研究を続けることが重要な要素となる．

では，走行距離に加えて右左折の回数を加味してほしいというユーザの要望をアルゴリズムに置き換えてみる．この要望を満たすためには，ルートを評価するコストを距離（メートル）に統一し，右左折した際にメートル相当のコストを加算するように考える．たとえば，右左折するごとに100m走行するのと同じコストを加味すれば，先程の例では3回の右左折なので300mのコスト加算となり，走行距離は100m長くても，1回の左折の方が低いコストとなり，最適ルートとなることがわかる．さらに日本では通常，交差点内での待ち時間において左折よりも右折の方が長く，あまり右折をしたくないという要望が多ければ，左折は50m，右折は150mといったようにコストの重みを変えることも必要となる．ここで，何m相当のコストが妥当なのかという点については数学上での正解がなく，ある程度は理論的根拠を考え，実際にはフィールドテストで模索すること

になる．理論的根拠とは，この例では左折を1回行う場合，車が交差点を直進するよりも平均50 mほど遅れるという理由などによる．

8.2 位置情報データとナビゲーション技術

経路探索のアルゴリズムを用いてサービスを提供するためには，地図データや時刻表データなどを一元化したデータベースが必要となる．携帯電話でのナビゲーションは，ユーザが利用する移動手段すべてが対象となるため，電車，飛行機，車，バス，徒歩などに関する時刻表や道路ネットワークのデータが必要であるが，実際には，これらのデータが一元的に管理されておらず，電鉄会社，バス会社，地図会社など，おのおののデータフォーマットで管理されているので，経路探索を行うためには，まずデータ変換ソフトを開発することが必要となる．

図8.3に示すNAVITIMEの経路探索エンジン「Mnavi」（アルゴリズムをソフトウェア化したもの）や地図描画エンジン「Mviewer」は，全世界の地図，時刻表に対応できるように設計されており，元データの差異はすべてコンバータで吸

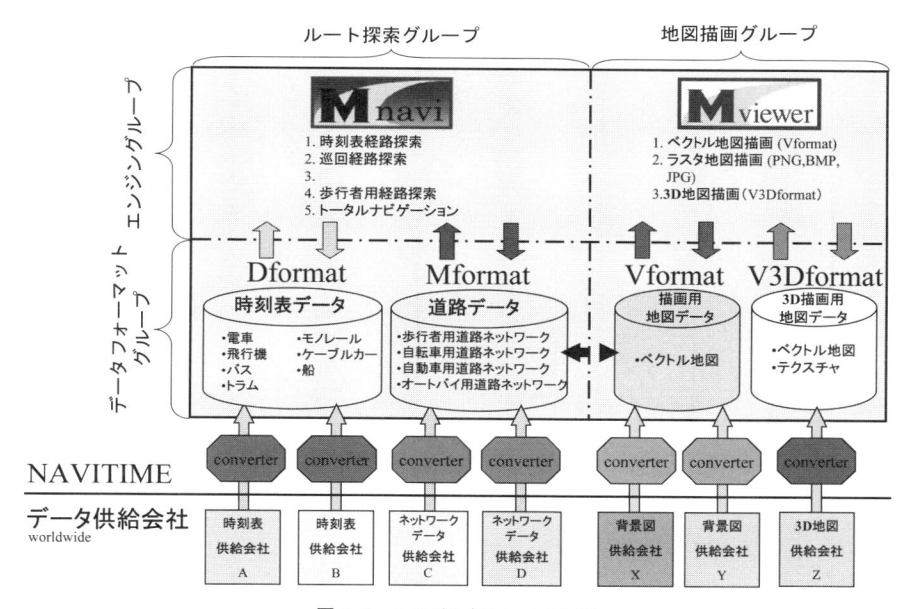

図8.3　エンジンとデータの関係

収している．時刻表のデータは「Dformat」に，道路の経路探索ネットワークデータは「Mformat」に，描画用の地図データは「Vformat」に，3次元地図データは「V3Dformat」に変換すれば，全世界共通である1つのエンジンで，どこでもサービスを提供することが可能となっている．また一般的に，データフォーマットはオープンフォーマットがよいという意見もあるが，ナビゲーションサービスとして考えた場合，ユーザーにとってどちらの利便性が高いかを判断すべきであろう．オープンフォーマットにあわせて経路探索のアルゴリズムを開発するよりも，フォーマット自体に探索や地図描画に関するノウハウを組み入れ，アルゴリズムとセットで計算した方が，速くてコンパクトになる．実際，ベクトル地図のオープンフォーマットとして流通しているSVGフォーマットで地図を格納するより，Vformatで格納した方が，同じ地図でも10倍程度軽くなる．また，ラスタ画像で地図を送るよりも，Vformatで配信した方が10倍程度軽くなる（表8.1，図8.4）．携帯電話によるナビゲーションサービスの場合，通信で地図が配信されるため，データ容量が軽いことはすなわち，早く結果が表示されてパケッ

表8.1 地図データフォーマットの比較

	バイト (1/50,000)	バイト (City Map)	回転	拡大縮小	タイプ
Vformat	1,824	2,192	○	○	VECTOR
GIF	18,094	13,188	×	×	RASTER
PNG	23,291	14,999	×	×	RASTER
JPG	64,582	45,795	×	×	RASTER
BMP	518,454	518,454	×	×	RASTER

画像480×360ドット．

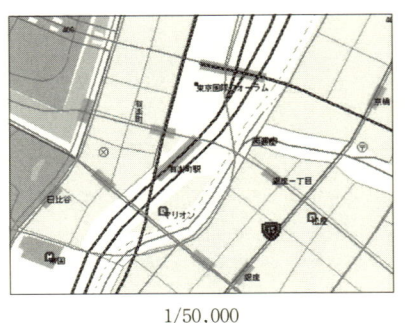

図8.4 広域地図（左）と市街図（右）

ト代も安くなるという点で重要な要素となる．またオープンフォーマットについては元データの流通に適しているので，データ提供がXMLなどのオープンフォーマットで提供されるようになれば，より多くの交通路線が経路探索の対象となることが予想されるであろう．

8.3 アルゴリズム研究からビジネス化へ

ここでは，経路探索のアルゴリズムとデータを用いたナビタイムシャパンのビジネス展開について説明する．

8.3.1 ソフトウェアのライブラリ化によるライセンスビジネス

ナビタイムシャパンは独自に開発したアルゴリズムをソフトウェアで表現し，そのアルゴリズムごとにライブラリ化（システムに組込み可能なモジュール化）することにより，ラインナップをそろえてきた．これらのライブラリはおもに業務用のGISで利用されている．以下，ラインナップ別に説明する．

a．渋滞を回避した経路探索

GPSを搭載している車の位置をセンター側で把握しているような動態監視システムにおいて，ある目的地までいちばん早く到達できる車を探すようなケースで用いられる．具体的にはタクシーの配車システムや，故障車への救急搬送システムなどがある．

b．時刻表をダイレクトに検索できる乗換経路探索

一般的な乗換検索は，乗車時間が短いルートを検索して，そこに時刻表をあてはめる方式を採用している．この場合，乗車時間が長いと，どれほど乗継ぎがよく目的地に早く着くルートがあっても求まることはない．時刻表をダイレクトに検索することは，乗車時間を組み合わせた検索より膨大なデータが対象となるので，アルゴリズムが複雑になるが，研究を積み重ねた結果，臨時列車や季節便も含め短時間で正確なルートを求めることができるようになった．

c．トータルナビゲーション

トータルナビゲーションは複数の交通手段を用い，その日，その時刻，交通状況（渋滞や電車遅延）において最適な交通手段とルートを求めることができる．たとえば，「今日は平日で天気もよく道路も空いているだろうから，電車より車

の方が早く到着するだろう」というように，各人の経験や勘で行くと，実際には工事渋滞などがあり，結局は電車の方が早く到着した，あるいは予定の電車に乗り遅れ，次の電車がなかなかこないので，実はタクシーの方が速かった，など思い当たることも多いだろう．トータルナビゲーションサービスを利用すれば，事前に目的地までの交通状況がわかったうえでの最適ルートがわかるので，安心して移動することができるようになる．詳述は8.4節で行う．

d. 巡回経路探索

複数の地点を入力すると，どのような順序で回れば効率がよいかを求めることができる．一般的には巡回セールスマン問題と呼ばれ，距離だけによる巡回経路を求める研究が多くなされているが，実際には時間的な制約を考慮しなければ，旅行プランやビジネスシーンで利用することは難しい．たとえば旅行の場合，観光地 A, B, C の 3 カ所を回って，X 食堂で昼食をとり，17：00 には N ホテルにチェックインしたいという計画では，まず X 食堂に 12 時前後に到着したいこと，次に，観光地 A, B, C が美術館や公園などの場合，開園・閉園時間や季節による標準の観光状況もあり，開園している間に観光が終わらなければならないことが条件となる．さらに最終地点の N ホテルには 17：00 に到着したいというように，すべて時間の条件設定ができなければ最適なプランとして成立しない．同じようにビジネスシーンにおいても，得意先への訪問時刻は決まっていることが多く，1 日に数軒から数十軒をめぐる営業マンや配送業務は，なおさら時間的制約を考慮することが重要である．この巡回経路探索機能は，おもに自由旅行プランシステムや業務用の巡回経路探索システムに採用されている．

e. 到達圏探索

到達圏探索とは，ある地点からある時間以内に到達できる範囲を求める方法で，業務用の GIS の中では最も利用されている機能の 1 つである．移動手段を車にした場合，高速道路や国道など，速く走行できる道路は到達圏が伸びるので，探索された道路網が星型のようにギザギザした形状になる．一方，徒歩の場合，等速度で移動するのでほぼ同心円状に広がる．また，電車＋徒歩の到達圏探索では，電車の速度が徒歩に比べ非常に速いので路線沿いに到達圏が大きく広がることになる（図 8.5）．この機能はおもに，商圏分析（エリアマーケティング）で利用されている．たとえば，コンビニを出店したい場合，徒歩 5 分以内に含まれる世帯数が最大となるような地点を探したり，トラックの配送基地をつくる場

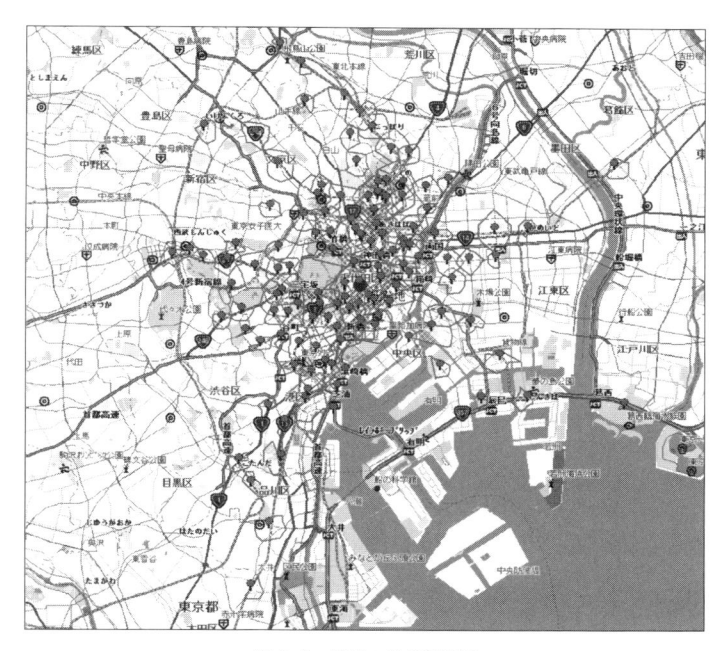

図 8.5 電車＋徒歩到達圏

合，車で 2 時間以内に行けるエリアがどれくらい広いかによって決めることができる．

8.3.2 NAVITIME のコンテンツサービス

　経路探索のアルゴリズムは，さまざまな業務で利用されることによりブラッシュアップされてきた．2001 年には，携帯電話の EZweb や i モードなどコンテンツサービスを提供する環境が整ってきたので，自社でサーバを構築してトータルナビゲーションを提供する公式サイト，通称「NAVITIME」を始めた．まず，2001 年 12 月に KDDI が GPS ケータイを世界で初めて発売したのをきっかけに，NAVITIME を開始し，翌 2002 年 8 月に i モード，12 月には Vodafone Live! に提供が開始され，3 キャリアすべてで NAVITIME が利用できるようになった．また，KDDI に提供されている NAVITIME は，2003 年 10 月，GPS で連続測位できる MS-based 方式が携帯電話に採用された時点で「EZ ナビウォーク」として KDDI との協業サービスとなった．その後，2005 年 9 月には車用のナビゲーショ

ン「EZ助手席ナビ」がリリースされている．

8.3.3 ASP 事業

公式サイトを提供する過程でサーバーの機能がモジュール化され，外部にも機能として提供できるようになった．そこで，この機能をASPとして，インターネットを通じてルートや地図を他のサービスに提供するようになった．たとえばレストランを紹介するグルメサイトでは，いままで店舗の周辺地図が表示されるだけであったが，「そこへの行き方を調べる」というボタンを押すと「NAVITIME」のASPサーバーから地図と最適ルートが表示されるので，ユーザーは自宅や外出先のどこからでも店舗までのルートや所要時間が瞬時にわかる．

8.3.4 海外通信事業者向け LBS パッケージ

携帯電話のコンテンツとナビゲーションにおいて，日本はどちらも世界で最も進んでいる国である．NAVITIMEでは前述した携帯電話のナビゲーションサービスやASPサービスが位置情報プラットフォーム（LBSプラットフォーム）として，海外の携帯電話通信事業者向けにインフラとして提供されるようになった．このLBSプラットフォームは，コンシューマ向けのナビゲーションサービスのみならず，法人向けの動態監視や営業支援ツールに組み込むことが可能になっているので，今後さらに世界の通信事業者のビジネス拡大に貢献することができる．

8.4 トータルナビゲーションサービス

従来は移動手段を自分で決めてから，車はカーナビや地図帳，電車や飛行機は時刻表や乗換検索サービス，徒歩は紙地図を使って調べるという人がほとんどであった．NAVITIMEでは，1つのサービスで電車，飛行機，車，バス，徒歩などに至るすべての交通手段を網羅したトータルナビゲーションを開発し，おもに携帯電話で提供している．たとえば，現在位置から東京タワーに行く場合は，目的地の設定を「東京タワー」と入力し，次に「ここへ行く」というボタンを押すだけでさまざまな移動手段を組み合わせたルートが表示される．出発地や目的地の地点に関するデータは，地点名称，緯度・経度，電話番号，住所が独自にデータ

ベース化されて登録されているため，たとえば店舗の名称がはっきりわからなくても，フリーワード検索で「新宿 居酒屋 蔵」と入力すれば，新宿にある"蔵"と名のつく居酒屋が列挙される．また，「ここへ行く」というボタンを押すだけで，携帯電話に内蔵されたGPSモジュールが緯度・経度を計算し，現在地，すなわち今いる出発地の場所が自動的にわかる．目的地の緯度・経度は，地点データベースにより把握できるので，2点の緯度・経度を経路探索サーバに送ることにより瞬時に経路探索が可能となる．ここで，先述した現在地から東京タワーまでの検索結果を図8.6に示す．

第1経路は渋滞を回避した車ルートで所要時間16分，走行距離6.1 km，タクシーを利用すると1,780円程度であることがわかる．ここで「車ルート確認」を押すと図8.7の渋滞回避ルート地図が表示される．この地図上には，VICSからリアルタイムに配信される渋滞情報を道路の混雑状況に応じて表示している．道路に沿った太線は渋滞や混雑を表している．また，渋滞の原因となる工事中や車線規制などの情報もアイコンで表示される．VICSから配信される渋滞情報は，各交差点間の走行時間も秒単位で取得できるので，渋滞を回避するだけでなく，現在走行中の車の速度から最速で目的地に到着できるルートを計算している．

第2経路は，所要時間28分，運賃160円と検索された．まず出発地から歩いて淡路町駅A3口より入り，12時12分発東京メトロ丸ノ内線荻窪行きの1両目

図8.6　トータルナビゲーションのルート　　　　図8.7　渋滞回避ルート

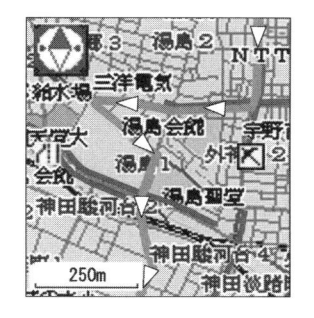

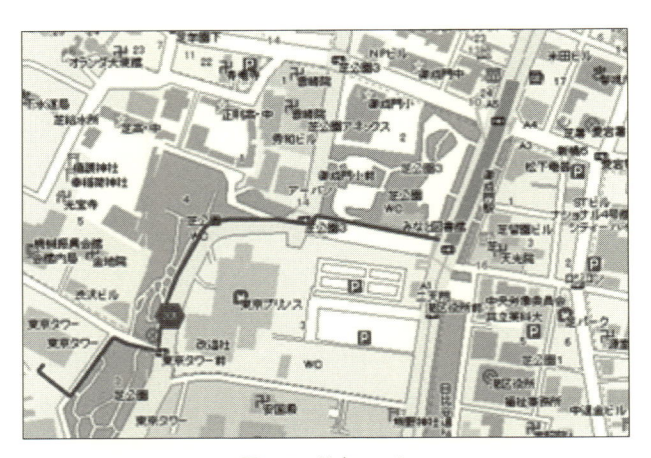

図 8.8 徒歩ルート

に乗り，12時20分に霞ヶ関駅で日比谷線中目黒行きに乗り換えて12時25分に神谷町駅着，1番出口を出て歩いて693m（徒歩8分）で東京タワーに到着することがわかる．神谷町1番出口を出たところで「ルート地図確認」を押すと，図8.8の徒歩ルートが表示され，GPS搭載機種であれば音声ガイダンスによって，目的地まで誘導してくれる．

また，携帯電話によっては3Dレンダリングエンジンを搭載している機種もある．携帯電話は画面が小さいので目印が少なく，地図が苦手な利用者には難しいケースもある．そこで3D地図を活用し，曲がり角ではその交差点と同じ風景を画面に描画することにより，視認性を高め，よりわかりやすいナビゲーションが実現した（図8.9）．

現在，日本では第3世代携帯電話にGPSが搭載されたことで，ナビゲーションの有料ユーザー登録率はそのうちの約8%程度，200万人以上の人がサービスを利用している．一方，携帯電話が非常緊急通知可能な安全ツールとして利用できるように，警察や消防などへ位置を知らせるGPS搭載の義務づけあるいは推奨が全世界で進められている．世界の人口は現在，約63億人で，そのうち20億人が携帯電話を使っていることを考えると，10年後には40億人近い人が携帯電話を使い，その約60%にGPSが搭載され，全世界で約2億人（登録率8%より計算）が有料ナビゲーションユーザになることが予想される．

このユーザを対象に，さまざまな付加収入を得られるビジネスが予想される．

図 8.9　2D，3D 徒歩ルート

　たとえば，ルート検索された結果に飛行機が表示されれば，その便の予約を携帯電話の中からインターネット割引料金で予約したり，目的地周辺のホテルを検索して予約するような予約代行ビジネスや，位置情報に対応した広告ビジネスも普及していくと予想される．また，自宅から自転車で 15 分以内の到達圏でスーパーのセールが始まると地図上にアラートが出たり，出張先から徒歩 10 分以内の 8,000 円以下で泊まれる空室のあるホテルを探し，列挙される上位のホテルやスーパーは広告提供元にするなどが考えられる．このように，携帯電話のナビゲーションサービスも有料会員型のビジネスから，会員向け付加価値サービスの中で手数料や広告料が得られるビジネスに発展していくことも予想される．

［大西啓介］

9 不動産ビジネスと GIS

9.1 不動産ビジネスと空間情報

　不動産ビジネスとは，不動産市場を対象としたビジネスであることはいうまでもない．しかし，近年においては，情報通信技術の進歩や不動産市場が金融市場に融合していく過程の中で，不動産ビジネスの形態だけでなく，ビジネスの範囲や構造そのものが大きく変化してきている．そのような中で，GIS に代表される空間分析の技術や空間データに対する役割も変化してきた．

　「不動産」と空間「情報」との関係を考えれば，不動産は「同質の財が存在しない」という特性をもつために，他の経済市場財と比較して異なる情報問題が発生する．たとえば住宅は，立地だけでなく規格や設備は住宅ごとに大なり小なり異なっており，仮に規格や設備が同じであっても「建築後年数」が異なれば，質の劣化の程度が異なり同質のものではなくなる．さらには，耐震構造，土壌汚染，アスベストや欠陥住宅問題に代表される，目にみえない情報も含まれる．このように，供給者と需要者との間の情報の非対称性が大きいため，「情報」の価値が他の財と異なる．さらには，不動産単体の情報だけではなく，周辺の環境も含めた情報が必要とされる．このような不動産を取り巻く情報の問題は，不動産ビジネスを行ううえでさまざまな制約を与えるとともに，情報そのものがビジネスとなる．

　また，一概に不動産ビジネスといっても，さまざまな業態が存在している．総務省の「事業所・企業統計調査」によれば，不動産業とは，①建売・土地売買業，②代理・仲介業，③不動産賃貸業，④貸家・貸間業，⑤不動産管理業に分類されている．具体的には，a) デベロッパー：不動産を開発・供給するビジネス，

b）不動産販売業：開発された不動産を市場で販売するビジネス，またはc）不動産賃貸管理業：賃貸市場において貸付，管理するビジネス，d）不動産流通業：中古市場において流通させるビジネスに大別されよう．

それぞれの「業」は，近年においては複雑かつ多様化しているので，一概にビジネス形態を定義することはできない．ここであえて，それぞれの特徴を簡単に要約すれば，a）のデベロッパーは，不動産の開発・供給を行う際に，供給する地域の特性と予算制約を踏まえたうえで，どのような商材（企画化された不動産）を供給すべきかといった問題を抱える．b），d）の不動産販売業，不動産流通業は，提供された商材の品質を所与として，価格設定を行うとともに，消費者に対して情報を伝達し，販売していく課題を抱える．ここでは，価格設定と広告・販売が重要となる．c）の不動産賃貸管理業は，不動産販売業・流通業と同様に，商材の性能を所与として賃貸価格を設定するとともに，消費者に対して情報を伝達し，賃貸人を募集する．それ以外にも，直接に開発に関わる業者もいれば，管理対象となる物件の維持・修繕などの業務も行う．

このように整理すると，不動産ビジネスとは，不動産が存在する空間の特性を前提としたうえで，品質に対応した価格（販売価格・賃貸価格）決定を行い，その品質調整済みの価格を前提として販売（賃貸）していくビジネス，そして，不動産を維持・管理していくビジネスであるといえよう．また，デベロッパーは，このような問題を総合的に判断し，商品開発を行うとともに供給していくこととなる．情報との接点を考えると，品質調整済み価格を決定する情報が，すべての形態のビジネスにおいて重要となる．

以下では，広義の不動産の品質と価格情報の提供状況について整理し，不動産ビジネスにおけるGISの役割と展望を整理する．

9.2 立地選択と空間情報

9.2.1 立地選択と資産価値

住宅，オフィス，商業施設などは，さまざまな要素を踏まえたうえで立地選択が行われる．具体的には，住宅においては通勤のしやすさや快適さなどの広義の住環境が，オフィス立地においては関係企業とのコミュニケーションのとりやすさなどのビジネス環境が，商業施設においては競合店の立地や消費者との接近性

などの商業環境が，それぞれ立地選択における判断指標となる．そのため，立地環境に応じて不動産価格が差別化される．

以下では，単純化のために住宅市場について考える．住宅の立地選択においては，一定の予算制約のもとで，通勤・通学のしやすさや，買い物などの日常生活の利便性に加え，緑の多さや教育水準を含めた子育て環境など，さまざまな条件が考慮される．そして，生活利便性が高いところほど，また住環境水準が高いところほど，立地圧力が強くなる．一方，土壌汚染の疑いがあったり，大気が汚染されていたり，犯罪が多かったりした場合には，そのような地域を避けるように立地が行われる．このような立地行動は，土地の面積が一定であるという制約条件のもとでは，直接に価格水準に対して影響を与える．このような立地選択が資産価値に反映される現象は，資本化仮説（capitalization）と呼ばれる[1]．

9.2.2 立地選択と住環境指標

住宅の立地選択に対して影響を与える情報は，多種多様である．たとえば，住宅情報誌やチラシなどでは，専有面積，建築後年数，建物構造，前面道路幅員といった建物属性とともに，住所，最寄り駅や駅までの交通手段別（徒歩，バス，車）の時間距離といった空間に関する情報が提供されている．しかし，実際には，住宅情報誌やチラシなどで観察できない情報についても立地選択において考慮される[2]．

表9.1は，浅見[3]およびリクルート住宅総合研究所による「住宅購入者アンケート」を参考として，住宅選択に関わる指標を抽出・整理したものである．そのうえで，図9.1では，2001年1月〜2004年7月に住宅を購入した消費者に対して実施したアンケート調査の結果を示す．同図では住宅購入時における重視度の比率と，実際に情報探索をした比率をクロスした．

住宅購入時に重視した項目は，「最寄り駅までの時間」や「勤務地までの時間」，「スーパーなどの日常品の買い物の利便性」などが高く，実際に情報探索も行っている．これらの情報以外にも，住宅選択に際して重視し，探索を行っている情報としては，「治安のよさ」や「医療施設の充実度」，「悪臭などがない」などである．

このような立地者の選択行動は，不動産ビジネスを行う者にとっては十分に理解しておくことが求められる．デベロッパーにおいては，ネガティブ要因のない

表 9.1　住環境指標一覧

1) 勤務地までの距離・時間	31) 景観などに関する取り決め（地域協定など）がある
2) 子供の学校までの距離・時間	32) 福祉サービスなどの行政サービスの充実度
3) 最寄り駅まで歩くことができる	33) ごみの収集頻度や規則などの行政サービスの充実度
4) 夜遅くまで終電がある	
5) 夜遅くまで終バスがある	34) 近くに役所・公民館・集会所がある
6) 治安がよい/ピッキングや凶悪犯罪が少ない	35) 美術館などの文化施設やスポーツ施設が充実している
7) 街灯・夜間照明が多い	
8) 見通しの悪い路地が少ない	36) 周辺の生活道路・街路が整備されている
9) 身近に事故の危険のある施設がない	37) 歩道が整備されている
10) 交通事故に遭いにくい（過去の発生率が低い）	38) 近くに大きな公園がある
11) 自然災害に遭いにくい（過去に災害履歴がない）	39) 将来の開発計画（将来，大きな開発があるかないか）
12) 火事のとき延焼しにくい・消火しやすい	40) 住民税の負担水準
13) 災害時の避難施設が近い	41) 固定資産税の負担水準
14) 活断層がない	42) 都市計画税の負担水準
15) 数年に一度の大雨で水に浸る心配がない	43) 自治体の借金が多い
16) 洪水・河川氾濫の心配がない（過去に災害履歴がない）	44) 上水道の利用料金
	45) 下水道の利用料金
17) 土砂崩れの心配がない（過去に災害履歴がない）	46) ぜんそくなどの環境汚染に伴う病気が発生していない
18) 地盤沈下/液状化の心配がない	47) 光化学スモッグなどの発生頻度
19) 総合病院がある	48) 悪臭がない
20) 救急病院がある	49) ダイオキシンなどの土壌汚染の心配がない
21) 老人病院・老人ホームが充実している	50) 水質の汚染の心配がない
22) 幼稚園・保育園への入園のしやすさ	51) 近隣道路の騒音が少ない
23) 幼稚園・保育園までの距離	52) 近くに工場がない
24) 幼稚園・保育園の保育時間（早朝保育・延長保育の有無）	53) 林や屋敷林など緑が多い
	54) 近くに田畑がある
25) 幼稚園・保育園のサービス水準（病児予後保育の有無など）	55) 近くに都市農園がある
	56) 近くに海・川がある
26) 小学校区	57) スーパーなどの日常品の買い物が便利である
27) 小学校の全体の雰囲気・質・評判	58) 夜遅くまでやっているスーパーがある
28) 小学校のクラスの状態（学級崩壊しているクラスの有無など）	59) 美味しい洋菓子店・ケーキ屋がある
	60) 商店街が充実している
29) 小学校の教育水準（有名中学への進学率）	
30) 通学路の安全性	

エリアを選択したうえで，立地者が重視している項目を満たすような商品企画をしていく必要がある．販売業，流通業を行う者は，このような品質を所与として価格決定を行い，消費者とマッチングしていくことになる．

そこで，以下においては，空間情報として提供される不動産の価格情報と品質

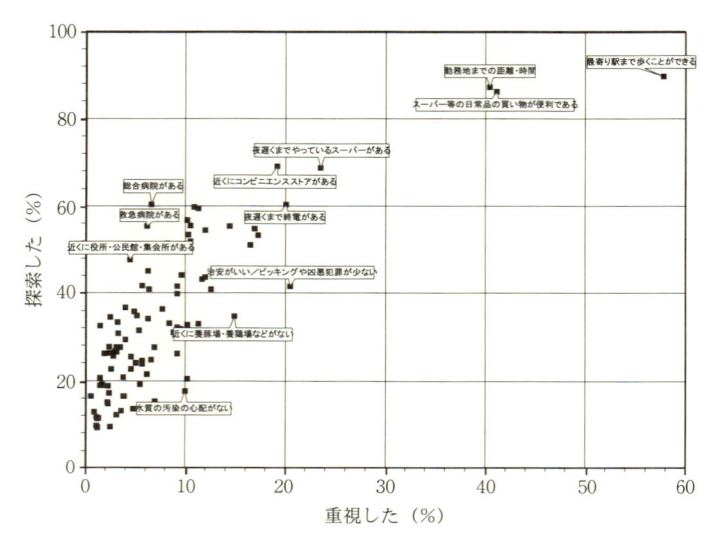

図 9.1 住宅選択において重視される住環境指標（出典：リクルート住宅総合研究所調べ）

情報について整理したうえで，マーケティング情報として利用される空間情報について紹介する．

9.3 不動産市場分析における GIS の活用

9.3.1 不動産価格情報

　不動産ビジネスにおいて，売出価格を設定するための相場情報となる土地価格（地価）は最も重要な情報の1つである．地価は，「一物多価」としばしば揶揄されるように，さまざまな「価格」に関する情報が存在している（表9.2）．公的部門により公表される地価情報だけでも，国土交通省による「地価公示」，各都道府県による「地価調査」，国税庁による「相続税路線価」，各市町村による「固定資産税路線価」が存在する．さらには，民間の調査機関などによる情報として，日本不動産研究所による「市街地価格指数」，東京都宅地建物取引業協会の「東京都地価図」，ミサワ総合研究所による「大都市圏地価調査」，東急不動産による「地価分布図」，住宅新報社による「地価相場」，東日本レインズの「東京圏マンション流通価格指数」，リクルート住宅総合研究所の「リクルート住宅価格

表9.2 わが国の主要な価格情報一覧（清水, 2007）[4]

調査名	調査機関	性格	周期	開始時点*
地価公示	国土交通省	鑑定	年1回	1970
地価調査	都道府県	鑑定	年1回	1975
相続税路線価	国税庁	査定	年1回	1963
固定資産税路線価	市町村	査定	3年ごと	1950
固定資産税・標準宅地鑑定価格	市町村	鑑定	3年ごと	1994
東京都地価図	東京都宅地建物取引業協会	相場	年1回**	1968
大都市圏地価調査	ミサワ総合研究所	相場	年1回	1979
地価分布図	東急不動産	相場	年1回	1962
市街地価格指数	日本不動産研究所	鑑定	年2回（3月・9月）	1955
東京圏マンション流通価格指数	東日本レインズ	ヘドニック指数	月次	1995
RRPI：リクルート住宅価格指数	リクルート	ヘドニック指数	月次	1986
地価相場	住宅新報社	相場	年1回	1959
取引事例	国土交通省	売買	四半期	2005

* 開始時点は，情報の入手可能時点であり，調査開始時点ではない．
** 1968年に開始し，第2回調査は1972年．その後，1980年までは2年おき程度で実施．1981年以降は年1回．

指数（Recruit Residential Price Index：RRPI）」などがある．また，2005年からは，国土交通省により「取引事例」と取引価格情報の開示が始められた[5,6]．

その価格情報の性質としては，「取引事例」を除くと，実際の市場で成約された市場価格というわけではなく，広告情報として開示されている募集価格情報，さらには，不動産鑑定士と呼ばれる専門家によって値付けされた鑑定価格情報が中心である．

公共部門によって公表される公示地価，都道府県地価調査，相続税路線価，固定資産評価路線価は，すべて鑑定評価額である．地価情報の統計的性質については，西村・清水[6,7]，Nishimura and Shimizu[8]，または，Shimizu and Nishimura[9] を参照されたい．

いずれの価格情報も，近年ではインターネットなどを通じて容易に入手可能となっており，面的な意味での情報密度も高いことから，土地価格の水準を調べる際にきわめて重要な情報源となっている．公示地価は，固定資産評価や相続税路線価を決定する際のベンチマークになっており，点で評価されていることから，地点に関する品質情報（最寄り駅，最寄り駅までの距離，容積率などの公法上の

規制）を同時に得ることができるため，重要な情報源である．また，公示地価を補完する形で，7月1日時点で評価を行う都道府県地価調査も実施されており，あわせて地域詳細単位での相場把握に利用することができる．

実際に情報を入手する場合には，国土交通省が運用する「土地情報ライブラリー」[10] により閲覧することができる．地価公示，都道府県地価調査が閲覧できるだけでなく，ダウンロードすることで分析することも可能である．さらに，実際の市場価格である取引事例も公開されている[11]．

図9.2は，取引価格情報の開示例である．取引価格については，登記の異動に基づき国土交通省が売り手と買い手に対してアンケート調査を行うことで収集し，その情報をもとに不動産鑑定士によって，「最寄り駅」や「駅までの距離」，容積率などの「公法上の規制」，「道路付け」や「前面道路幅員」などの品質に関する情報を整備している．現在では，公表されている地域，項目も限定的であるが，逐次，公表対象や項目を拡大していくことが計画されている．

続いて，総務省の関係団体である資産評価システム研究センターが運用する全国地価マップでは，固定資産税路線価・標準価格，相続税路線価，地価公示，都道府県地価調査が，同一の地図上で閲覧することができる[12]．

図9.3は，固定資産税路線価の開示情報例を示したものである．固定資産税路線価と相続税路線価を比較した場合には，価格水準だけでなく，更新頻度（相続税は1年に1回，固定資産税は3年に1回）が異なる．更新頻度だけでは相続税路線価の方がよいように思われるが，情報密度（路線のきめ細かさ）と正確度と

土地取引価格情報(都道府県)

名称 東京都

見方について

平成18年第3四半期　更地＋建付地

取引件数: 17,851 件

のうち 住宅地建付地

データ件数 988件

988 件中 1 件目 ～ 20 件目を表示中

No	住所	取引価格(総額)	取引価格(m^2単価)	面積(m^2)	土地の形状	建物の用途	建物の構造	間取り	延床面積(m^2)	建築年	用途地域
1	中央区勝どき	¥20,000,000		50	ほぼ長方形	住宅	W		55	昭和36～45年	2住居
2	中央区佃	¥74,000,000		60	ほぼ長方形	住宅、店舗、作業場	S		145	平成3～7年	2住居
3	中央区佃	¥32,000,000		35	長方形	住宅	W		55	平成13年以降	2住居
4	中央区佃	¥8,200,000		35	長方形	住宅	W		30		2住居
5	中央区湊	¥7,500,000		25	長方形	住宅	W		35		商業
6	港区赤坂	¥440,000,000		320	ほぼ台形	共同住宅、事務所、倉庫	RC		670	昭和36～45年	1中専
7	港区赤坂	¥920,000,000		195	ほぼ長方形	共同住宅、店舗	SRC		1,100	昭和56～60年	商業
8	港区白金	¥40,000,000		65	ほぼ長方形	住宅	W		70	昭和46～55年	準工
9	港区白金	¥170,000,000		140	ほぼ台形	住宅	W		250	平成13年以降	準工
10	港区白金台	¥200,000,000		150	台形	共同住宅	S		340	昭和46～55年	1中専
11	港区三田	¥76,000,000		50	不整形	住宅	S		90	平成13年以降	1中専
12	港区南青山	¥1,200,000,000		270	ほぼ長方形	住宅、店舗	RC		750	平成13年以降	2中専
13	新宿区荒木町	¥55,000,000		110	ほぼ正方形	その他	RC		175	平成3～7年	商業

図9.2 取引価格情報の開示画面

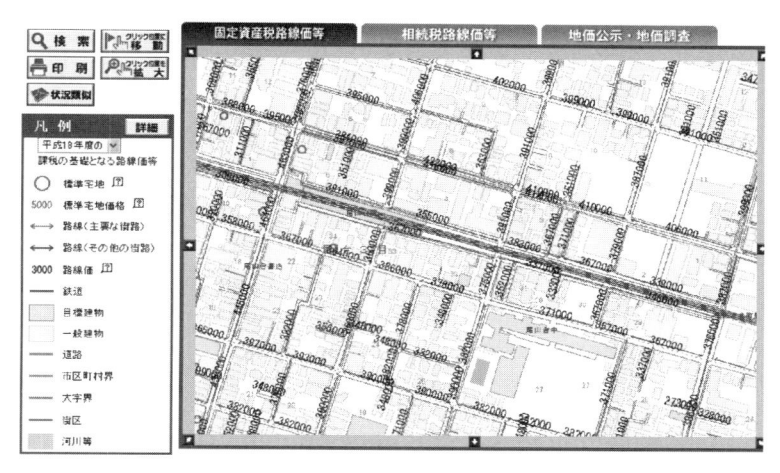

9.3 不動産市場分析における GIS の活用

図 9.3 固定資産税路線価の開示情報例

いった意味では，固定資産税評価の方が優れている．

また，固定資産税路線価情報の中には，標準宅地と呼ばれる価格情報が存在している．図 9.3 の中では○で示されている．この情報は，公示地価と同等の精度・正確度をもち，地域によって異なるが，情報密度（調査地点数）は公示地価の数倍である．このような情報を用いることで，地価のおおよその水準を調べることができる．

公的部門の情報のほかに，民間企業によっても多くの情報が提供されている．まず，国土交通大臣指定不動産流通機構が収集している情報を用いて，住宅市場に関する種々の情報が公開されるとともに，その情報の範囲が拡大されようとしている．公表される情報は，「東日本地域」，「中部圏」，「近畿圏」，「西日本地域」の団体によって異なる[13]．たとえば，東日本レインズにおいては，「最近の不動産取引動向（最近 3 カ月の市況データ）」，「首都圏賃貸取引動向（四半期：1～3）」，「東京圏マンション流通価格指数」，「首都圏不動産流通市場の動向（四半期：1～3）」，「首都圏不動産流通市場の動向」が公表されている．

また，住宅価格の動向を把握できる指標としては，リクルート住宅価格指数（RRPI）がある[14]．RRPI は，1986 年 1 月以降の中古住宅価格，戸建て土地価格，マンション賃料価格が公表されている（関西圏の賃料指数については 1991 年以降）．

このような情報は，価格水準を表す指標と価格動向を捕捉する指標に大別されるが，不動産ビジネスにおいては，両指標を用いて市場を分析し，価格設定や予測を行うことになる．

9.3.2 住環境ネガティブ情報

価格情報とあわせて，不動産の品質に関する情報が必要となる．ここでいう品質とは，不動産そのものがもつ構造やスペックといった情報とあわせて，不動産を取り巻く広義の住環境情報を意味する．多くの住環境指標の中でも，不動産価格に対して甚大な影響を与えるものと考えられるネガティブ情報が重要となる．

最も代表的な情報としては，ハザードマップ（災害予測図，危険範囲図など）があげられる．近年においては，ハザードマップは国または地方公共団体によって公開されている[15]．図9.4は，世田谷区の多摩川周辺[16]の浸水被害を示すハザードマップである．

このような情報は，住んではじめてわかる情報の代表的な指標の1つとなるだけでなく，住宅選択にとって重要な指標となっている．

また，浸水などの災害に続いて，最も不動産市場に影響を与える指標としては，地震などによるリスク指標である．東京都では，東京都震災予防条例（現在の東京都震災対策条例）に基づき，1975年11月（第1回（区部））より，5年お

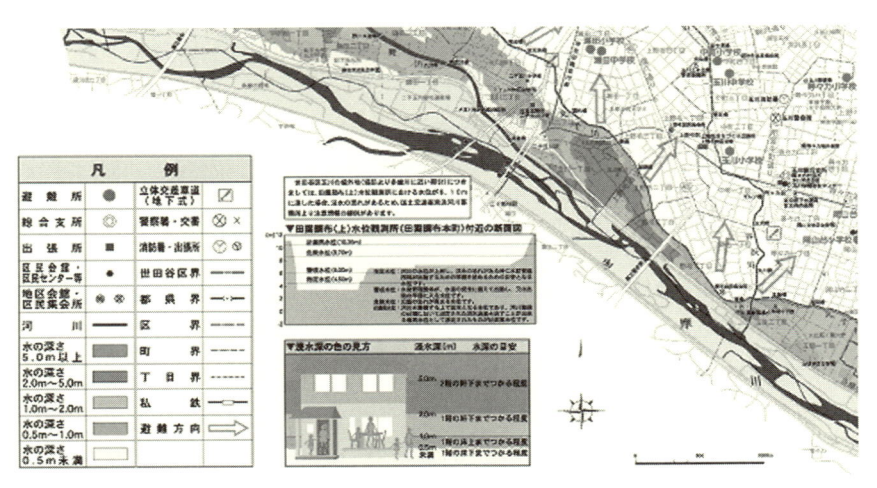

図9.4　ハザードマップ例（世田谷区）

きに地震に関する地域危険度測定調査を行っている．具体的には，都内都市計画区域において，町丁目単位で各地域における地震に対する危険性を建物・火災・避難の3つの側面に関して，1〜5のランクで相対的に評価している．建物倒壊危険度は地震動によって建物が壊れたり傾いたりする危険性の度合いを，火災危険度は地震による出火の起こりやすさと，それによる延焼の危険性の度合いを，避難危険度は避難場所に到達するまでに要する時間と，避難する人数を組み合わせた危険性の度合いをそれぞれ公表している．

ここで，総合危険度ランクを図9.5に紹介する．このような地震危険度は不動産価格に対して負の影響を与えていることが，山鹿ら[17]によって指摘されている．

また，住宅地選択で重視される「安全」に関する情報として，治安情報があげられる．いわゆる犯罪の発生度合いを示す指標である．治安情報については，東京都においては警視庁犯罪マップ[18]により知ることができる（図9.6）．犯罪マップで公表される罪種は，「ひったくり」，「住居対象侵入盗（空き巣）」，「事務

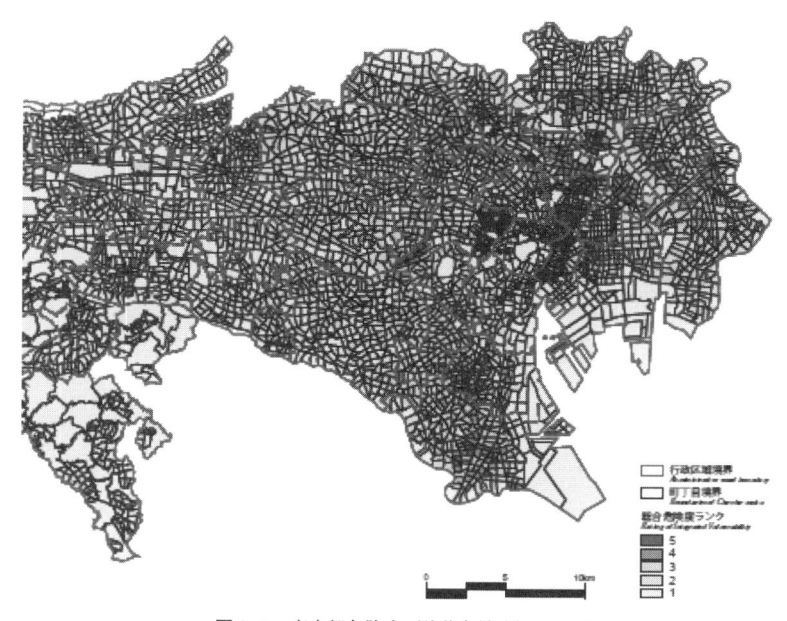

図9.5 東京都危険度（建物危険度）マップ

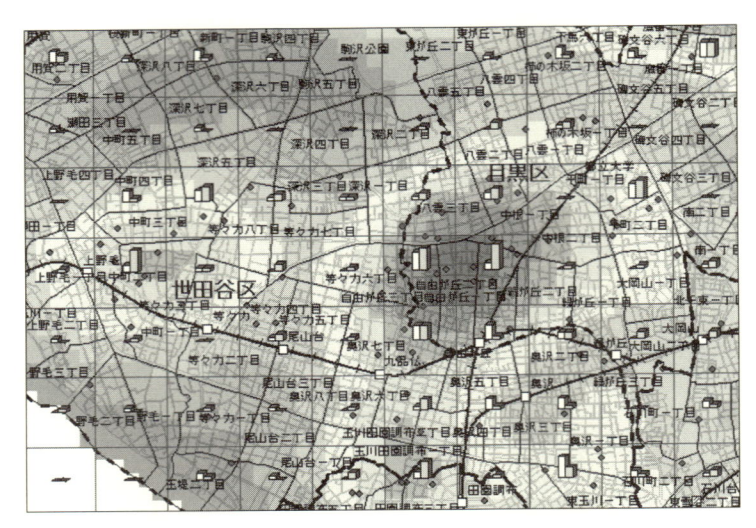

図 9.6 犯罪マップ

所等侵入盗(事務所荒らし)」,「車上ねらい」,「粗暴犯」(粗暴犯とは暴行罪,傷害罪,傷害致死罪,脅迫罪,恐喝罪,凶器準備集合罪などのこと)についてである.犯罪の発生密度をカーネル密度推定法により表現している.

犯罪マップは,東京都だけでなくその他の地域の自治体でも公表されるようになってきている.このような情報は,住宅供給における住宅の企画や中古流通などにおける価格に対して影響を与えている[19].

続いて,環境省では環境省大気汚染物質広域監視システム[20]により,大気の汚染状況を公表している(図9.7).小野・清水[21],清水[22]でも指摘されているが,大気汚染物質の管理状況は,不動産価格に対しても影響を与えることが知られている.

このような情報以外にも,地域単位での土壌汚染や道路交通騒音などの空間情報が,民間企業によって提供されるようになってきている.いずれの指標においても,住宅の立地選択をとおして住宅価格に影響を与えることが知られている(たとえば,清水[22],清水ほか[23]).

これらのネガティブ情報は,不動産ビジネスを展開していくうえで,現在の価値だけでなく,将来における価値にも甚大な影響を与える可能性をもつことが予想されるため,きわめて重要な空間情報となる.

図 9.7　大気汚染マップ

9.3.3　マーケティング指標

　不動産ビジネスを展開するうえでは，以上のような価格および品質に関する情報を用いて商品企画を行うとともに，開発された不動産の品質と価格に関する情報を発信し，消費者とマッチングしていく．

　まず，住宅の開発においては，地域の住まわれ方と消費者の数に関する情報はきわめて重要な情報となる．具体的には，どのような世帯が多く住んでいるのかによって，商品企画が変化してくる．たとえば，単身者などの小規模世帯が多く借家世帯が多い地域であれば，賃貸住宅の供給がよいかもしれない．また，借家世帯が多く，世帯規模が比較的大きなエリアであれば，第一次取得層の多い地域として，分譲住宅の供給が好ましいかもしれない．このような判断を行う場合には，国勢調査のエリア情報を用いることで，空間的な分布を捕捉することができる（図 9.8）．

　賃貸住宅の供給，分譲住宅の供給のいずれの選択をした場合においても，賃料価格・分譲価格の設定を行うこととなる．これが，前述の品質調整済み価格となる．しかしながら，実際の付け値には，予算制約が作用する．そのため，当該エリアの所得水準を知る必要がある．図 9.9 は，一人世帯の比率と借家世帯の平均年収をクロスさせたものである．

　このような情報分析を通じて，開発する住宅の商品企画やオファー価格（価格または賃料）が決定された後に，消費者に対して品質と価格に関する情報を広告

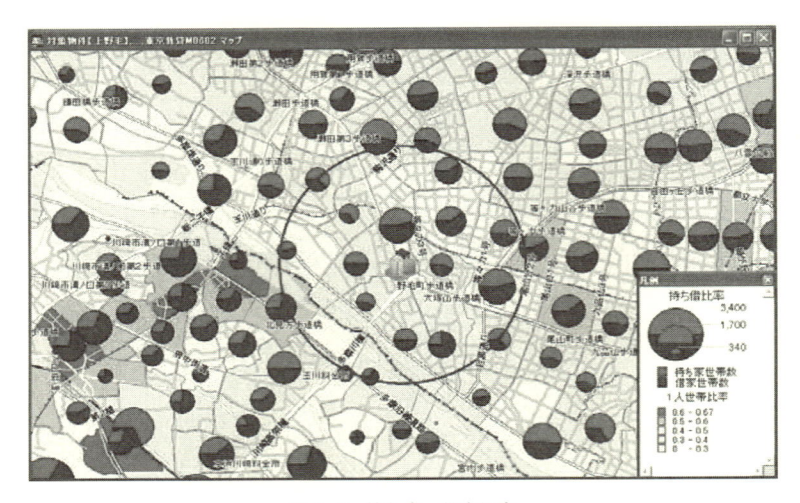

図 9.8 持ち家・借家比率

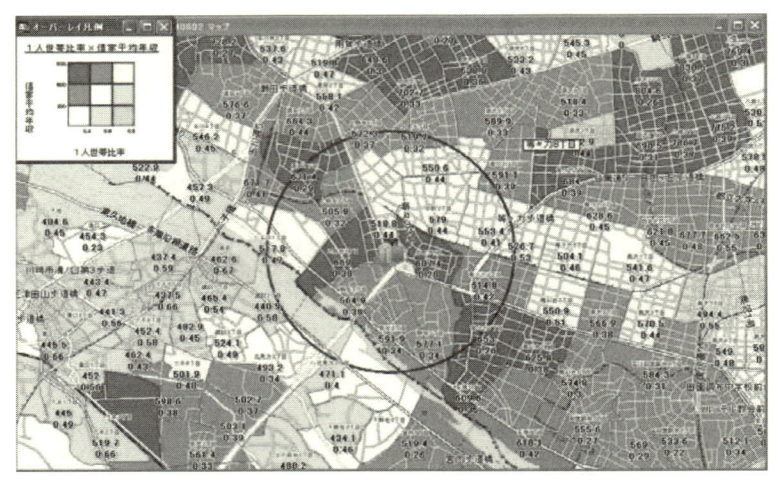

図 9.9 一人世帯比率と借家世帯の平均年収（二次元分析）

媒体を通じて提供し，物件と消費者をマッチングしていく．

　情報伝達の手段としては，情報誌やチラシなどが中心である．特にチラシなどを配布する場合には，新聞の折込広告が利用されることが多い．図 9.10 は，新聞販売店単位での新聞の部数を示したものである．このような情報分析を通じ

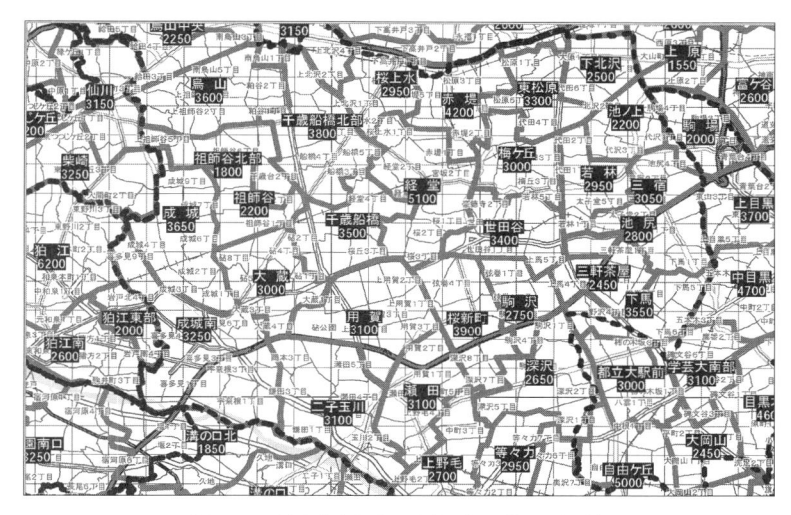

図 9.10 折込広告部数の分布（朝日新聞の場合）

て，最適な広告戦略をとることになる．

9.4 不動産ビジネスにおける GIS 活用の新しい展開

　以上のように，不動産ビジネスでは，品質調整済み価格の決定やマーケティングにおいて，空間情報または GIS が利用されている．

　まず価格情報については，従来は鑑定価格が中心であったものの，近年では取引価格情報の開示が進められ，市場価格の情報が入手しやすくなってきた．また，公的部門を中心に，ハザードマップや地震の危険度マップ，犯罪マップ，大気汚染マップなどが空間情報として提供されるようになってきた．

　今後は公的部門・民間部門それぞれにおいて，さまざまな情報整備が進められることが予想される．具体的には，図 9.1 に示された探索情報の中で，空間情報として整備されてくれば，さまざまな形で情報を入手することが可能となる．加えて，物件そのものの情報においても，その情報蓄積のルールと情報に対する責任が明確になってくれば，より透明度の高い市場に発達することが期待される[24,25]．そうした場合には，不動産ビジネスそのもののあり方が大きく変化してくることが予想されよう．

その1つの事例が，オークション市場である．わが国においてもオークション市場が拡大してきているが，その背景には，空間情報の整備が貢献していることはいうまでもない．

　不動産を売買・賃貸するということは，不動産そのものをみて行動しているのではなく，不動産に付随する「情報」をみて判断している．そして，その「情報」に占める空間価値，空間情報の割合は，ますます大きくなっていくものと考えられる．

　そのような中で，不動産ビジネスに必要とされる情報やビジネスのあり方は，大きく変わってくることが予想されよう．住環境指標に代表される空間情報の整備に期待したい．

[清水千弘]

引 用 文 献

1) 清水千弘・唐渡広志 (2007)：不動産市場の計量経済分析（応用ファイナンス講座4），192 p，朝倉書店．
2) 清水千弘 (2000)：取引情報を用いた住宅市場環境と購入者の個別選好の把握手法に関する研究—東京圏中古マンション市場・賃貸市場を対象として—．データマイニング・シンポジウム2000論文集．
3) 浅見泰司編著 (2001)：住環境，東京大学出版会．
4) 清水千弘 (2007)：不動産市場の実際．不動産証券化とファイナンスの基礎（不動産証券化協会編），pp. 57-135．
5) 清水千弘 (2000)：不動産市場分析．投資不動産の分析と評価（投資不動産評価研究会編），東洋経済新報社所収．
6) 西村清彦・清水千弘 (2002)：地価情報の歪み：取引事例と鑑定価格のメカニズム．不動産市場の経済分析（西村清彦編著），日本経済新聞社所収．
7) 西村清彦・清水千弘 (2002)：商業地不動産価格指数の「精度」−東京都区部：1975-1999−．住宅土地経済，2002夏季号．
8) Nishimura, K. G. and Shimizu, C. (2003)：Distortion in land price information：Mechanism in sales comparables and appraisal value relation. CERJE Discussion Paper (University of Tokyo), 2003 CF-195.
9) Shimizu, C. and Nishimura, K. G. (2006)：Biases in appraisal land price information：The case of Japan. *Journal of Property Investment and Finance*, **26**(2)：150-175.
10) 国土交通省：土地総合情報ライブラリー．http://tochi.mlit.go.jp/
11) 土地総合情報システム．http://www.land.mlit.go.jp/webland/
12) 資産評価システム研究センター：全国地価マップ．http://www.chikamap.jp/
13) 東日本不動産流通機構：REINS market research．http://www.reins.or.jp/market_research.html
14) リクルート住宅総研が運営する住宅リサーチ．net．http://www.jresearch.net/

15) 地質情報整備・活用機構：ハザードマップの公式掲載サイト．http://www.gupi.jp/link/link-b/hazard-index.html
16) 世田谷区洪水ハザードマップ（多摩川版・全区版）データ一覧．http://i-gis.city.setagaya.tokyo.jp/homepage/data/shareimage/hazard_map.htm
17) 山鹿久木・中川雅之・齊藤　誠（2003）：市場メカニズムを通じた防災対策について．住宅土地経済，2003年夏季号：24-32．
18) 警視庁：犯罪発生マップ．http://www.keishicho.metro.tokyo.jp/toukei/yokushi/yokushi.htm
19) 沓澤隆司・水谷徳子・山鹿久木・大竹文雄（2007）：犯罪と地価・家賃．住宅土地経済，2007年秋季号：12-21．
20) 国立環境研究所環境情報センター：環境GIS有害大気汚染物質マップ．http://www-gis.nies.go.jp/air/yuugaimonitoring/
21) 小野宏哉・清水千弘（1998）：共分散構造分析による都市レベルの大気環境水準と経済・地価格差に関する統計的検証．環境科学会全国大会梗概集．
22) 清水千弘（2004）：不動産市場分析，住宅新報社．
23) 清水千弘・横井広明・杉本裕昭・花澤美紀子・石橋睦美（2001）：道路交通騒音が住宅価格に与える影響に関する統計的検証．不動産研究，**43**(3)：61-72．
24) 清水千弘（2006）：住宅金融市場と住宅価格．住宅金融月報，**652**(2006 MAY)：16-23．
25) 清水千弘（2007）：住宅関連情報の整備と消費者保護．住宅金融，**2**：18-27．

10 都市・地域計画と GIS

都市・地域計画における GIS の利用はきわめて多岐にわたっているが，本章では 1 つのテーマに焦点を当てて GIS との関連を論じてみたい．それは，「GIS によって都市計画は変化するか」ということである．

10.1 都市・地域計画の流れ―その概観

都市・地域計画の始まりはいつか，ということ自体，非常に大きな問題であるが，ここでは，18 世紀の初頭にその起点をおいてみよう．産業革命以降に発生した都市問題に対処するため，近代的手法によって都市の物的な制御や改善の試みが始まったということをもってすれば，この時期からといえるであろう．その頃，都市計画といえば，社会改良家が労働者の居住環境改善を目指して行っていた活動が中心であった．いわゆる理想郷＝ユートピアの構想が都市計画とほぼ同義であったといえる．その後，19 世紀も終わりになってエベネザー・ハワード（Ebenezer Howard）の『明日の田園都市』が発表され，その理想を現実にした田園都市がロンドン郊外に建設されるに至る．そして，英国のニュータウン開発などの試みでしだいに計画手法の蓄積がなされるにつれ，専門技術者によるグランドデザインや，マスタープラン型の計画が主流となっていくのが，20 世紀初頭から中盤までの状況である．しかし，20 世紀終盤から今世紀に至って，「都市計画」は「まちづくり」へと表現を変え，住民あるいは市民主体の活動の中で，現実の都市のよさを認めつつ，きめ細かい改善を行っていこうという方向に変化を遂げている．

たとえば，わが国における都市防災計画に焦点を当ててみよう．大都市内部の

木造密集地域の防災性を高める方法として，1970年代頃までは，再開発により建物の不燃化を進め，同時に高層化により広大な空地をつくり出す手法が主流であった．東京都江東区を中心とする範囲に6つの地区が防災拠点として選定されたのがこの頃である（1969年「江東再開発基本構想」（東京都）．建設はその後，30年以上を要した）．しかし時代は流れ，近年では，住民の協議により地区計画や建築協定を活用することにより，個々の建物の不燃化を進めたり，壁面後退により道路の拡幅を行ったり，ポケットパークのような小規模の空地を生み出したりする，いわゆる「防災まちづくり」的な手法に移行してきている．

また，地域・国土計画について考えてみよう．1960年代の第一次全国総合開発計画の拠点開発方式に始まり，以後，新全総の巨大プロジェクト，三全総の定住圏構想，四全総の交流ネットワーク構想と，産業振興や高速交通網整備の計画が続いたが，1990年代に至り，全総の生き字引ともいえる下河辺 淳をして，「国が街づくりをする時代は終わった」（1994年6月16日・四全総総合的点検調査部会報告提出時の記者会見での発言）と語らしめる．その後，1998年に制定された五全総は，物的具体的な構想が影を潜め，方向性のみを示す「グランド・デザイン」に変容している．さらに2005年制定の国土形成計画法では，国と地方の役割分担が明記された形へと変化している．

ここ20年間の変化をみても，1981年の地区計画の導入，1993年の住居系用途地域の細分化，同年の市町村マスタープランの制度化，2000年の線引きの弾力化・都心居住インセンティブ・住民からの地区計画提案の導入，さらには地方分権一括法やまちづくり三法の成立と，わが国も，先述の世界的な流れ（手法における詳細化・弾力化と主体における脱専門化・市民化）と一致した方向で推移していることがわかる．

10.2 そしてGISが登場する

一方，GISこと地理情報システムについていえば，1970年代からUISという実験的プロジェクトが日本でも行われ，他の先進国に比べても，そう遅くないタイミングで研究が進められていた．その後継プロジェクトUIS IIを経て，実用化の段階に入ったのが1980年代である．しかるに，日本においては，AM（automated mapping）/FM（facility management）といわれる電気，ガス，水道など

のインフラ管理型のシステムが先行的に発達する一方,応用範囲を限定しない汎用システムの開発が米国,カナダなどに比べ遅れてしまうこととなった.そのような状況の中,政府は,1990年代半ばより国家プロジェクトを数段階に分けて打ち出し,GISの基盤形成,普及,利活用,そして定着を目指してさまざまな試みを行ってきている.これには,インターネット上でダウンロードできるデータの公開なども含まれる.近年では,システムを一元管理し,情報の共有化や広範囲の活用を目指す統合型GISを導入のモデルとして推奨している.さらに,2007年5月には「地理空間情報活用推進基本法」が成立し,GIS活用の基本理念と方向性が明文化されるに至っている.

さて,各種の調査研究[1~4]などを参考にして,GIS普及の推移をまとめてみると表10.1のようになる.GISを導入し利用している自治体は,都道府県においては1997年6月で66%,1999年3月で69%となっており,その後もさらに増加していることは想像に難くない.なお,都市計画分野に限定した調査では,1997年11月時点で15%,2002年2月で30%,2007年2月で53%となってい

表10.1 自治体におけるGISの利用率の推移

調査年・月	調査主体	調査対象	回収率	GIS利用率	都市計画分野のGIS利用率
1994年7月	地理情報システム学会自治体分科会	市区町村	42%	6.5%	1.2%
1996年8月~10月	建設省建築研究所	都市計画区域を有する市区町村	100%		対自治体数 2.3% 対人口 22%
1997年6月	地理情報システム関係省庁連絡会議	都道府県	100%	66%	
		市区町村	98%	14%	
1997年11月	真鍋陸太郎・大方潤一郎・小泉秀樹	都道府県	100%		15%
1999年3月	自治大臣官房情報政策室	都道府県	100%	69%	
		市区町村	100%	18%	
2002年2月	国土交通省国土技術政策総合研究所	都道府県	100%		30%
		市区町村	94%		12%
2007年2月	独立行政法人建築研究所	都道府県	100%		53%*
		都市計画区域を有する市区町村	89%		45%*

* 2007年調査については,「電子化した地図の整備率」の数字を示す.

る．GIS を導入している都道府県の半数程度は都市計画分野に利用していることが推測される．

また，市区町村レベルの利用率は，1994 年時点で 6〜7％ であったものが，1997 年では 14％，1999 年では約 18％ に増え，いわゆる平成の大合併の後はその効果もあり，5 割程度には至っていると考えられる．都市計画分野では，1994 年に 1.2％ であったのが，1996 年には 2.3％，2002 年には 12％ と，8 年間で 10 倍に増え，2007 年 2 月には 45％ に及んでいる．やはり合併などによる自治体業務の高度化を考えるとさらに進展していくものと思われる．また，都道府県の場合と同様，GIS を利用している市区町村のうちの多くが都市計画分野で利用していることが推測される．実際，自治体において都市計画に関する業務は，固定資産税，地籍管理，インフラ施設管理と並んで GIS の主要な応用分野なのである．

なお，民間における都市計画分野での GIS の利用については，1995 年に都市計画家協会を対象とする調査（調査回答者の 76％ が民間の都市・地域計画の専門家）[5)] があり，そこでは 23％ となっている．さらに，簡単な地図の扱いなど，GIS とは意識せずにその機能を使っている場合もあり，活用は大きく広がっていると考えられる．また，図 10.1 にみられるように，都市計画分野での利用については，今後大きな伸長が期待される趣味・遊びや安全・安心の分野とともに，安定的な期待が寄せられている[6)]．

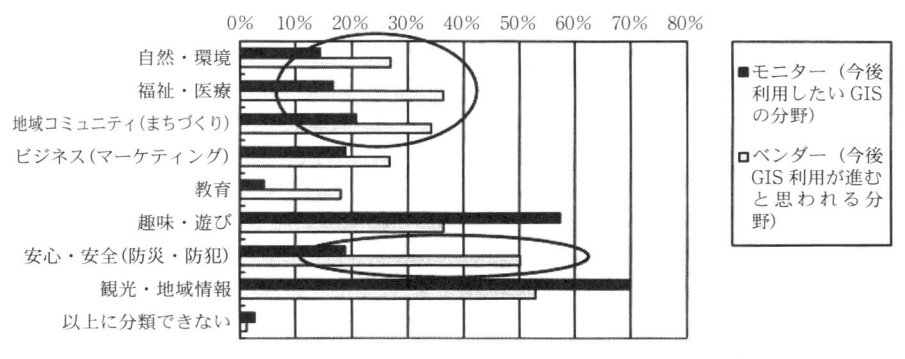

図 10.1 GIS の応用分野の広がり（国土交通省国土計画局，2006）[6)]
「モニター」は一般利用者の回答，「ベンダー」は GIS 関連業者の回答を示す．

10.3 都市・地域計画での GIS の役割

では，都市・地域計画分野に GIS が応用される場面としては，どのようなものがあるであろうか．GIS はあくまでもツールであるが，都市・地域計画分野にとってはどのようなツールなのであろうか．

10.3.1 情報管理・分析ツールとしての GIS

まず，情報管理・分析ツールとしての利用がある．地図情報として，基図，土地利用・建物現況，都市計画図などがデジタル化され管理・利用される．属性情報としては，人口，産業，地価などの情報が地図情報とリンクする形で蓄積される．用途地域ごとの土地利用の推移を検証した分析例は，その代表的なものである[7～10]．都市計画基礎調査にはモバイル GIS 活用の可能性も検討されている[11, 12]．

10.3.2 計画支援・立案サポートツールとしての GIS

次に，計画支援・立案サポートツールとして GIS が利用される．人口，土地利用，建物などの現況や動向を調査・分析し，線引きや地域地区などの都市計画規制を提案したり，都市施設計画や市街地整備事業の指定の論拠としたりすることが行われる．先の都市計画基礎調査での分析成果をそのような立案につなげていこうという動きは確実にみられている[13]．

海外においては，ポートランド・メトロの成長管理政策立案に活躍した例が有名である[14]．さらに，災害時に被災状況をデータベース化し，救援や復旧支援へつなげた事例の報告もある[15]．

この種の利用においては，自治体の庁内で広く活用し，他のデータベースと重ね合わせることがシステムの便益を増大させる．たとえば，生産緑地地区内の地番に関して，都市計画担当部署のデータベースと固定資産税担当部署の土地課税台帳のデータベースを照合することにより，分合筆の追跡を行えることになる[16]．実際，自治体内で地図を扱う業務は，相互に情報を共有することによって効率化がはかられる可能性が高いものが多いが，このような地理的なデータの重ね合わせにおいては，都市計画情報が1つの中心軸となる可能性が高い（表10.2）．

10.3 都市・地域計画でのGISの役割

表10.2 自治体業務と地図項目の連関表（発案：掛川市・小林 尚氏）

©：更新，○：仮更新，△：流用，※：参照．

10.3.3　情報公開・コミュニケーションツールとしての GIS

　3番目の役割として，情報公開・コミュニケーションツールとしての利用がある．横浜市では1992年時点ですでに，庁内システム「MAPPY」の端末から市民が都市計画図を閲覧できるようになっており，この先駆的な事例といえる．神戸市の「ゆーまっぷ」なども同時期に公開されている．インターネットの発達・浸透とともに，この利用方法は近年しだいに進展してきている．

　GISを利用した公開内容は年々多様化し，たとえば，地震調査研究推進本部の「地震動予測地図」，警視庁の「東京都内事件事故発生状況マップ」などにみられるようにネガティブな情報も公開されてきている．また，データの取得やツールの利用が行えるサイトもあり（「歩行者支援GIS」（東京都小金井市，秋葉原，京都市東山など）），活用の場にも広がりがみられる．さらに，リアルタイムでの情報提供や，神奈川県大和市などの「かきこマップ」にみられるように，市民の側からの書込みによる双方向性の利用も進展しつつある．

　防犯まちづくりでの利用はその典型例である．昨今，わが国のまちの治安は以前ほどよいものではなくなった．犯罪の増加に伴い，市民による防犯団体が急増している．自主パトネット，見守り隊，駆けつけ支援など，名称はさまざまであるが，地域のごくふつうの市民たちが，携帯電話などを利用した，防犯に関する情報（落書きや破れ窓の位置，空き家の存在，不審なバイクなど）の収集・配信と相互連絡により，まちの安全を守ろうとする試みが地道に行われている．また，防犯や防災まちづくりのワークショップ（危険を感じる場所を地図上で指摘し合いながら注意を促す活動）なども盛んに行われている．これらの活動において，地理情報は重要な役割を果たす．一般的な公共施設の情報とあわせて，このような情報の発信できるシステムの一例（名称：くらしの便利マップ[17]）が図10.2である．

　しかし，法的整備の遅れなどから，デジタルな地理情報の公開は案外進んでいないのが実情である．2004年3月の国土交通省国土計画局による調査によると，一般向けに地理情報（GISデータ）を提供している事例はきわめて少ない（教育・公共のみに限定した例を含めても8.0％）．また，地理情報の提供について運用を統一的に定めている地方公共団体はほとんどない．しかし今後，地理情報の提供を積極的に行うために，著作権の所在の明確化，提供条件の設定（利用制限），提供事例などの二次利用に関する情報提供などを望む声は少なくない[18]．

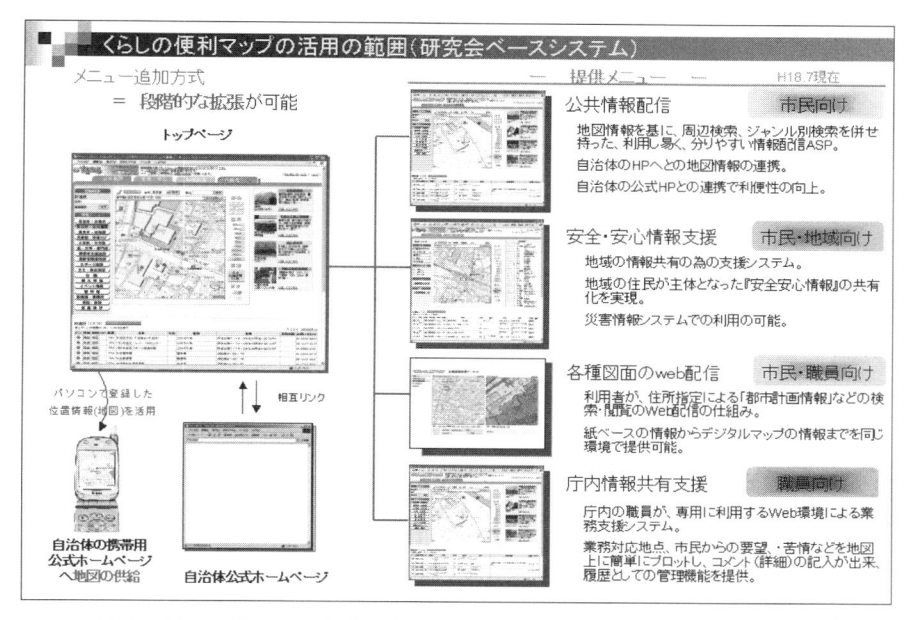

図 10.2　くらしの便利マップ概念図（出典：地域情報共有プラットフォーム構築研究会）[17]

10.4　将来への展望

　さて，本章冒頭の問いに立ち戻ろう．GIS によって都市計画は変化するのか．その答えは，Yes でもあり No でもある．

　10.1 節で，ここ 200 年間ほどの都市計画の変遷に触れたが，その中では，都市計画の手法の変化とともに，都市計画の主体もしくは担い手が変わってきた点が重要なことであった．すなわち，唱道者→専門技術者→市民という変化である．市民と行政が情報を共有しながら，協同でまちの将来のあり方を考えていくプロセスそのものが都市計画である，とまでいえる状況になりつつある．

　また，GIS の導入や活用についても，ワープロや表計算のように手軽なソフトウェアではないため，一時的には技術に強いテクノクラート的な人材が必要になり，またそのような役割が重要性を増すように思われる．しかし中長期的にみると，技術は定着しそのうち当たり前のこととなっていくもので，その段階に至れ

ば，テクノクラート的役割よりむしろコーディネーター的役割の人材がより期待されると考えられる．特に，コミュニケーションツールとしてのGIS利用の進展がそのことを暗示している．

　つまり，一言でいえば，今後の都市計画に求められることとGIS推進に求められることはかなり似通っているといってよい．その意味では，本章冒頭の問いに対する答えはYesである．

　しかし，それはGISが直接，都市計画の内容そのものに影響を与えるということではない．その意味では，答えはNoなのである．むしろなにか大きな要因が都市計画にもGISにも同時に作用し，両者を似た方向へと動かしていると考えるのが妥当であろう．

　今後，GISが都市計画の分野に活用される望ましいシナリオとしては，次のようになろう．自由な情報交流により，まちづくりツールとして定着する．防災・防犯を含むまちづくりワークショップの結果もデジタル化しておくことにより利用しやすくなる．すなわち，都市計画行政での活用はもちろん，都市計画教育での利用も進み，社会科や総合学習の場面でも利用されるようになる．保存や参照が容易になり，知識の蓄積や共有が進む．地図上での重ね合わせにより，他の情報との関連もみえてくる．

　たとえば，河川沿いの遊歩道を計画することを考えてみよう．この細長い緑地は，たとえばA市土木部の所管であるとする．また，河川は国のB省，川に架かる橋と道路はC県が管理している．遊歩道1つをとっても，このように管理主体が異なるのが一般的である．これらの管理主体の相互の協議がなされなければ，遊歩道は一体のものとしては整備されない．同じ河川沿いを歩いているのに，橋や隣接する市の境界と交差するときに，遊歩道が途切れたり迂回を余儀なくされたりする経験をした利用者は少なくないであろう．このような都市空間を計画するにあたり，GISがそれぞれの自治体で所管する空間の情報管理・分析ツールとして使用されるのはもちろんであるが，自治体間の協議のためにコミュニケーションツールとして使われ，その結果，計画支援・立案サポートツールとしての機能も果たすとき，GISはその効果を十分発揮するといえるであろう（逆に，そのような利用がなされないとき，結局は縦割り主義を拡大させるだけの結果に終わるのではないか）．

　昨今，コンピュータネットワークのもたらす弊害も明らかになってきている．

特に，ウェブサイトの掲示板などでの誹謗中傷はひどいものがあり，もちろん，GIS の利用がこのような方向に行ってしまっては困る．SNS（social network system）のような匿名性を緩和する方策が当然，必要になろう．ただそれと同等に望ましくないのは，利用すべき場面で十分利用されないということである．

緊急時の災害復旧支援計画に関していえば，実は大切なのはトップの「判断」がいかに適切かつ迅速に行われるかであり，最も訓練が必要とされるところなのである．行政のトップがメンツにこだわり，それを怠るようではいざというときまことに心もとない．マニュアルに従った実地訓練は，「判断」がいったん下された後，整然とそれを実行するための予行演習としては意味があるだろうが，それ以上でもそれ以下でもない．実際，東京消防庁の調査研究でも，特別区消防団の火災対応において，覚知時間の短縮化が被害緩和のために大きな役割を演ずることが指摘されている[19]．現実の災害の場面では，さまざまな情報が飛び交う中で，いかに正確なものを取捨選択し適切な判断を下すかが重要なのである（2005 年 1 月 17 日読売新聞朝刊「災害情報 首長特訓ソフト 全自治体に配布へ」）．

そもそも，テクノロジーが利用される社会的文脈は，時代によって変化する．発案者の当初の意図とは裏腹に，その後の社会的文脈の変化により意図せざる使われ方がされることがある．ごく卑近な例では携帯電話があげられよう．そのテレビコマーシャルが，背広姿のビジネスマンが電話片手にまちを飛び回る情景（1990 年代前半）から，若者たちが友人ととりとめのないおしゃべりをする情景（2000 年代以降）へと変化したことに如実にみられるように，いわゆる「仕事」のためではないことに利用が広がって，携帯電話事業という「仕事」を成立させるには大いに役立っている．携帯電話だけがなにか特別な変化をしたようにみえるかもしれないが，実際はこれが通常なのである．GIS も，ツールとして活用される中で，今後このような「思わぬ使われ方」が出てくれば面白い．

結論をいえば，今後の都市計画に求められることと GIS 推進に求められることがかなり似通っているのは，その両者がともに「時代の精神」の反映であることによるのである．情報公開の促進とその透明性や説明責任，デリカシーのあるトップダウンと広い視野を踏まえてのボトムアップ，「議論になるのはよいことだ」という雰囲気の醸成など，今後，コミュニケーション志向型の活用がますます重要になってくることと思われる．そのような場，そのような形で活用されてはじめて，GIS は真に役に立つものとなるといえよう．

［玉川英則］

引用文献

1) 田中公雄ほか (1995):自治体における GIS 取り組み動向. GIS—理論と応用, 3(1):61-68.
2) 真鍋陸太郎ほか (1998):都道府県での都市計画分野における地理情報システムの整備・活用に関する現状と課題. 地理情報システム学会講演論文集, 7:211-216.
3) 阪田知彦ほか (2002):地方公共団体における都市計画分野の GIS の利活用に関するアンケート調査. 地理情報システム学会講演論文集, 11:167-172.
4) 阪田知彦ほか (2007):速報:2007 年 2 月時点での地方公共団体の都市計画分野における空間データの整備状況. 日本都市計画学会都市計画報告集, 6(1):8-15.
5) 竹内祐一ほか (1995):都市・地域計画立案過程における地理情報システムの利用可能性. 地理情報システム学会講演論文集, 4:91-96.
6) 国土交通省国土計画局 (2006):平成 17 年度 GIS 利用定着化の推進に関する調査, 調査報告書.
7) 大場 亨 (1996):都市計画業務と GIS. 都市をとらえる—地理情報システム (GIS) の現在と未来 (東京都立大学都市研究叢書, 第 12 巻, 玉川英則編), pp. 255-288, 東京都立大学都市研究所.
8) 市古太郎ほか (1996):改正用途地域制度による住居系市街地の規制強化型見直しの実態に関する研究. 都市計画論文集, 31:505-510.
9) 市古太郎ほか (2000):1996 年用途地域見直し時の土地利用実態からみた新制度運用の特性—1996 年 GIS データによる都内 4 区の分析. 都市計画, 223:57-65.
10) 市古太郎ほか (1999):土地利用変容の GIS 分析からみた東京区部西部における 1996 年用途地域指定替えの実態に関する研究. 日本都市計画学会学術講演論文集, 34:853-858.
11) 伊藤 悟ほか (1998):都市計画基礎調査におけるモバイル GIS 利用の試み (その 1). 地理情報システム学会講演論文集, 7:137-140.
12) 後藤 寛ほか (1998):都市計画基礎調査におけるモバイル GIS 利用の試み (その 2). 地理情報システム学会講演論文集, 7:293-296.
13) 市古太郎ほか (2004):東京都の用途地域等一斉見直しにおける GIS 利用に関するアンケート調査報告—計画立案志向型 GIS への展開を願意して—. 地理情報システム学会講演論文集, 13:265-268.
14) 市古太郎・玉川英則 (2000):アメリカ, ポートランド「メトロ」における成長管理政策と GIS. 総合都市研究, 74:131-145.
15) 碓井照子ほか (1995):阪神・淡路大震災の復興過程における瓦礫撤去状況調査からみた神戸市長田区における防災 GIS 導入効果の分析. 地理情報システム学会講演論文集, 4:39-42.
16) 大場 亨ほか (1996):台帳管理業務を兼ねた都市計画決定内容照会システムの開発の事例の報告. 地理情報システム学会講演論文集, 5:25-30.
17) 地域情報共有プラットフォーム構築研究会ホームページ. http://hp.mappage.jp/index.html
18) GIS 関連法制度研究会 (2006):地理情報の効果的な利活用に当たって—地方公共団体における地図などの二次利用に関する解説と事例—.
19) 火災予防審議会・東京消防庁 (2007):地震時における地域の防災力に関する課題と対策について (火災予防審議会答申).

11 福祉事業とGIS

11.1 近年の福祉改革と情報化

　日本の福祉は，戦後最大の改正といわれる2000年の改正社会福祉法の成立と介護保険の開始により，行政による措置から利用契約の時代へと大きく転換した．また，事業者の参入制限が同時に緩和され，多様な主体がサービス事業に参入することになった．これにより，利用者の選択の幅は広がり，事業者間の競争からサービスの質が向上するなど，多くの効果が期待されている．ただし，市場化と規制緩和に任せるだけではなく，行政には福祉サービスの適切な利用と福祉事業の健全な発展を促すための計画を策定することが努力義務となった．これは地域福祉計画と呼ばれ，地域において必要なサービスの内容や量とその現状を明らかにし，それを実際に確保して提供する体制を整備するための計画である．また，計画の具体的な策定・実行・評価の過程には，住民が参加することの必要性が指摘されるようになった．

　これらの新しい制度のもとで地域の福祉を充実させるには，情報の果たす役割が重要となる．事業者には，サービスの利用者に対して選択に必要となる情報の提供が求められ，行政も必要な措置を講ずるよう努力しなくてはならなくなった．また，福祉計画の策定には，地域の福祉ニーズや福祉資源に関して詳細な情報が不可欠となり，住民の積極的参加も情報公開による情報源への容易なアクセスが前提となる．

　折しも，e-Japan戦略において電子自治体や公共分野の情報化が構想され，さまざまな業務の情報化（行政情報の電子的提供や手続の電子化など）が推進されている．福祉事業に関しても，事務的内容のものを中心に情報化が進められてい

る．特に地域の福祉事業では，サービスの利用者や事業者の住所などの位置・場所に関する情報が重要となるため，地図を用いた情報の可視化やそれによる各種の分析，実態の把握が期待される．

実際，福祉の現場では，これまでにもさまざまな地図が活用されてきた．たとえば，福祉サービスの充実度を自治体間で比較するために編集された保健福祉マップや，身体に障害をもつ人の外出に必要な情報を提供したり，バリアフリー整備を促す目的で製作されたバリアフリーマップがある[1]．これらの地図は，従来，紙媒体で製作・発行されることが多かった．しかし，近年，電子媒体やインターネットで公開されるものが増えており，その基盤として GIS の導入が進んでいる．

そこで本章では，わが国の福祉事業における GIS の利用について，①介護保険，②福祉のまちづくり，③歩行者移動支援の3事業を取り上げて，おのおのにおける GIS 導入の背景と理由，事業において GIS が果たす役割を解説するとともに，可能なものについては具体例を紹介する．

11.2 介護保険事業における GIS

現在，介護サービスの多くは，2000 年の介護保険の開始により契約制度に基づいて提供・利用されている．介護保険におけるサービス利用までの手順は以下のとおりである（図 11.1）．まず，利用希望者は，市町村の窓口に申請して要介護の認定を受ける．判定は2段階で行われ，最初に調査員が申請者宅に派遣されて身体状態などを調査し，その結果をコンピュータ処理することで第一次段階の要介護度が判定される．次に，1次の判定結果と主治医の意見書が市町村の介

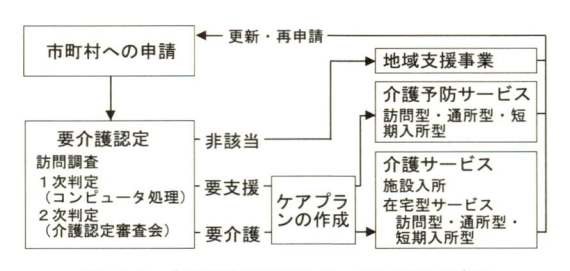

図 11.1 介護保険におけるサービス利用の手順

認定審査会へ報告され，最終的な介護サービスの必要度が決定される．また，判定結果にときどきの状況をより正確に反映させるため，原則として6カ月ごとに再度の判定が行われる．

　要介護の認定を受けると，ケアマネジャーと呼ばれる専門家を交えてケアプランを作成することになる．これを通じて，利用するサービスと提供事業者を選択する．サービスには在宅型と施設入所型がある．さらに前者には，事業所の職員が要介護者の自宅を訪問してサービスを提供する訪問型，要介護者が施設に通所してサービスを受ける通所型，施設に短期間入所する短期入所型の3種類がある．おのおののサービスには，介護を中心とした福祉系と，診察やリハビリテーションを行う医療系のサービスが用意されており，居宅者はこれらを組み合わせて利用する．

　また，2006年の法改正により介護予防が重視されるようになった．それに伴い，要介護状態になるおそれがある要支援の高齢者を対象に介護予防サービスが提供され，非該当者に対しても地域支援事業として，他の生活支援サービスとの調整も含めた包括的な介護予防マネジメントが市町村により実施されている．さらに，認知症高齢者のグループホーム，デイサービス，夜間対応型訪問介護など，在宅での生活を支援するサービスが地域密着型サービスとして位置づけられた．これらは身近な市町村で提供することが適当であるため，市町村が事業者の指定や指導監督の権限を有し，必要量の整備計画を策定することになった（従来は都道府県に許認可権があった）．

　以上の事業を円滑に行うためには，要介護者などの個人情報と介護サービスの事業所や施設に関する情報が必要であり，さらにそれらを集計した統計も必要に応じて用意される[2]．先進的な自治体やサービス事業者は，こうした情報の管理を目的にGISを導入している．

　介護保険事業におけるGISは，ハードウェアとソフトウェア，それに①地図データ，②事業者・施設データ，③要介護者などの個人データの3つのデータベースから構成される（図11.2）．そして，イントラネットにより関係部署の端末に接続され，住民などにはWebGISによりインターネットを通じて情報が提供される．

　地図データには，住宅地図や数値地図2500（空間データ基盤），DM（デジタルマッピング）データなど，大縮尺のデジタル地図が用いられ，他の部署や業務

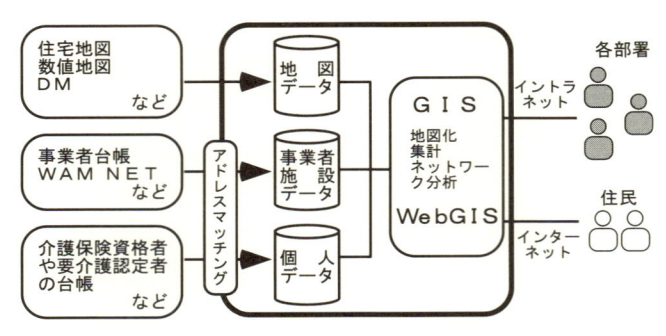

図 11.2 介護保険事業における GIS

との共用も考えられる（たとえば，上下水道や道路管理用の地図データ）．事業者・施設データは，それらの許認可権をもつ都道府県からの通知や，福祉医療機構が運用する「WAM NET」の情報に基づいてデータベースが構築される．個人データは，要介護認定作業や市町村の高齢者実態調査に基づく台帳から情報を得て，またサービス事業者であれば利用者の個人情報からデータベースが構築される．後二者のデータは基本的に住所情報をもっているため，アドレスマッチングにより地理座標を付加し，地図データと重ね合わせることが可能である．

　事業者・施設データに関しては，地図上にそれらの位置を示すことによって，わかりやすいかたちで情報を提供することができる．また，各種条件を設定しての検索も可能であり，必要な情報だけを提供することもできる．WebGISを用いることにより，要介護者やその家族，ケアマネジャーは，インターネットを介して以上の作業を対話的に行うことが可能となる．

　一方，事業者や市町村の業務においては，個人データと地図データの重ね合わせが効果を発揮する．個人データには，家族の状況や要介護度，介護予防の必要度，身体状況なども記録されており，各種条件による検索が可能である．そして，住所情報に基づいて要介護者や介護予防の対象者，見回りが必要な独居高齢者などの分布を地図上に表示できる．介護保険では，要介護認定作業における訪問調査や利用者宅を巡回しながらサービスを提供する業務が多く，通所型・短期入所型サービスにおいても自宅と施設との間で利用者の送迎が必要となる．GISのネットワーク分析を利用すれば，それらの巡回・送迎経路の設定が可能であり，事業の効率化を期待できる[3]．個人単位の高齢者の分布図は，災害発生時の

緊急対応においても有効であり，災害弱者の対策に生かすことができる．

さらに GIS では，任意の地域単位でデータを集計し，地域統計として地図化することが簡単であり，介護サービスの需要量と供給量の実態把握を通じて，市町村の地域福祉計画や事業者の経営戦略の立案に貢献できる．特に先に述べた介護保険の改正により，地域に必要なサービスを確保するための市町村の責任が大きくなる中で，GIS を用いたサービス需給の地域分析は有用な情報を提供する．

11.3　福祉のまちづくりにおける GIS

1973 年の車いす市民全国集会の開催により，障害をもつ人の生活圏を拡大しようとする運動が各地へ広まった[4]．これまで施設に入所していた障害をもつ人たちがまちに出ていき，社会で生活するために必要な条件としてスロープの設置やトイレの改修を働きかけていった．その後，まちのバリアフリー化をはかる福祉のまちづくりが全国で展開されるようになり，福祉のまちづくり指導（整備）要綱といった独自の法令を制定する先進的な自治体も現れた．国も，1994 年に建築物のバリアフリー整備を目的とするハートビル法を，2000 年には新規の旅客施設や交通車両の導入に際してバリアフリー整備を義務づける交通バリアフリー法を施行し，2006 年には両者を一体化したバリアフリー新法が誕生している．

こうしたバリアフリー整備による福祉のまちづくりが全国的に広まった背景には，障害に対する考え方の転換があった．「障害」という単語を国語辞典で調べると，多くの辞典には「身体器官になんらかの障りがあって機能を果たさないこと」という意味が掲載されている．しかし，世界保健機関（World Health Organization：WHO）によると障害は複数の要素から定義されており，基本的に人間の生活機能の面から 3 次元で障害がとらえられている（図 11.3）．機能損傷は，一時的・永久的な心身機能の問題であり，辞典に掲載されている狭義の障害に相当する．対して，活動制約は個人レベルの基礎的活動が困難な状態を，参加制限は生活に必要不可欠な社会活動の場面に参加することが困難な状態をそれぞれ指しており，障害を広い意味でとらえている．

さらに，これらの障害は健康状態，環境因子，個人因子といった内的・外的要素から影響を受ける．なかでも環境因子は，物的環境や社会的環境，人々の態度

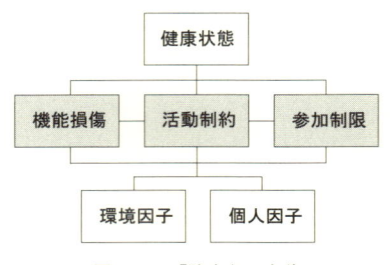

```
           ┌─────────┐
           │ 健康状態 │
           └────┬────┘
    ┌───────────┼───────────┐
┌───┴───┐  ┌───┴───┐  ┌───┴───┐
│機能損傷│  │活動制約│  │参加制限│
└───────┘  └───┬───┘  └───────┘
         ┌─────┴─────┐
      ┌──┴──┐    ┌──┴──┐
      │環境因子│    │個人因子│
      └─────┘    └─────┘
```

図 11.3 「障害」の定義
「国際生活機能分類」による．

など，私たちを取り巻くすべての環境であり，私たちの生活を可能とする条件である．この環境との関係になんらかの支障が生じた場合（障害をもつ人は，自身の身体能力と環境が要求する能力とが齟齬を起こした状態にある），環境は生活を制約するバリア（障壁）へと転化する．バリアフリーは，このバリアを取り除くことを目的としており，環境を障害の規定要因の1つに位置づけたことが福祉のまちづくりの理論的根拠になっている．

実際の福祉のまちづくり活動においては，まちの中を調査してバリアおよびバリアフリーの実態を把握することが重要となる．その際によく用いられる手法が，調査結果を地図に記載するバリアフリーマップの作製である．この地図には建築物の詳細なバリア・バリアフリー情報が掲載されるため，障害をもつ人の外出活動に有用な情報を提供する役割ももつ（図 11.4）[5]．

これまでのバリアフリーマップは，1枚ものの地図や冊子による紙媒体のものが多かった．その作製には，人的・時間的・金銭的なコストがかかり，特に紙媒体では印刷にかかるコストが大きい．頻繁な更新が難しくなることで，現状を正確に反映しえないという問題が起きてしまいがちであった．そこで，情報の更新が比較的容易な電子媒体が注目され，インターネットにより公開される事例が増えている．

インターネット版のバリアフリーマップは，当初，クリッカブルマップを用いて作製されたものが主体であったが[6]，近年になり WebGIS をベースにしたものが実用化されている．まちの中のなにがバリアになるかという問題は，個人と環境の関係に起因するため，障害の種類や個人の状況ごとに多様である．ゆえに，多くの者が使えるバリアフリーマップを作製するには膨大な情報が必要となる．

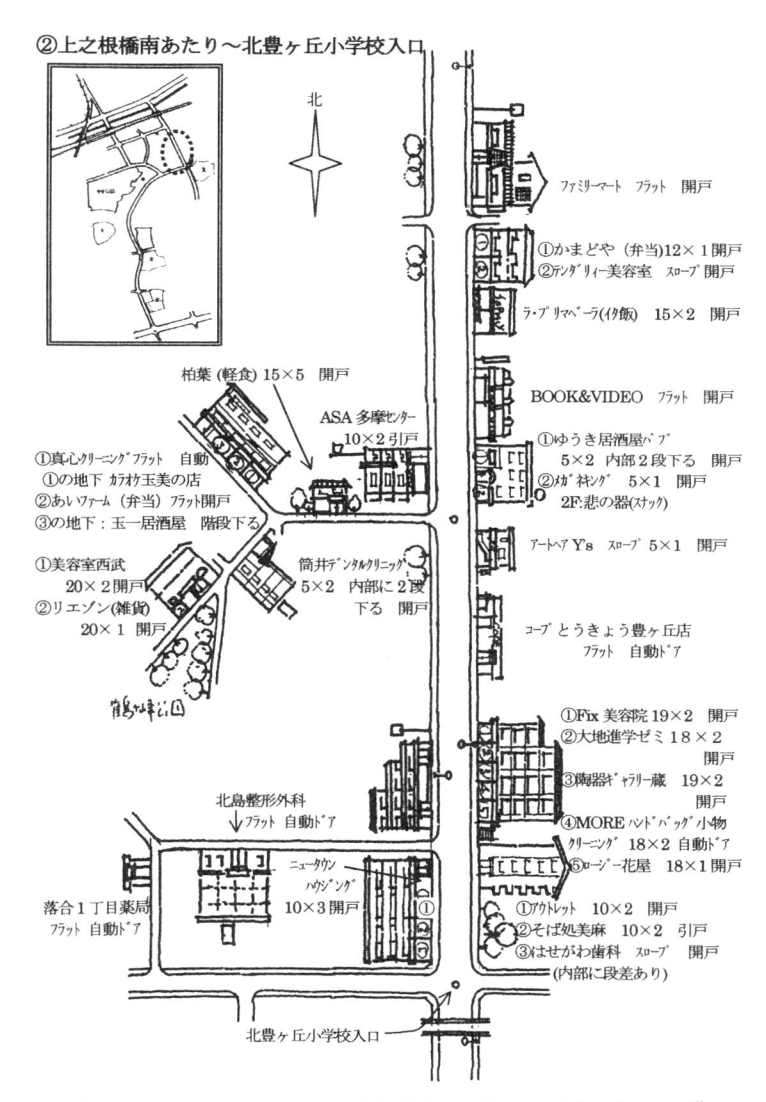

図 11.4 バリアフリーマップの一例（多摩市福祉マップを作る会，2000)[5]

建築物・店舗のバリア・バリアフリー情報が掲載されており，特に数値は入口の段差・階段の状態を示している（1段の高さ×段数）．また，使い勝手を考えて建築物の正面（ファサード）が絵で示されるなどの工夫がなされている．

しかし，実際に個人が要求する情報はその一部であるし，全体の情報が多いほど，紙媒体や静的なウェブページでは表示内容が複雑になり，全部の情報を掲載することにも困難が伴う．そこで，データの蓄積と検索機能に優れるWebGISが利用されるようになったのである[7]．

WebGIS版のバリアフリーマップは，サーバ内に地図と施設に関する2つのデータベースを保持している（図11.5）．地図データは，バリア・バリアフリー情報を地図上に表示する際のベースマップであり，大縮尺のデジタル地図をベースとする．一方，施設データは，個々の建築物に関するデータであり，設備に関して詳細な情報をもっている．たとえば，各建築物について出入口や屋内の昇降設備，トイレ，駐車場などに関する項目が設けられ，設備が複数ある場合にはその分の項目が用意される．また，おのおのの設備に関してその状態を表すデータが関連づけられている．出入口を取り上げれば，床面は階段かスロープか，もしくは平坦かといった情報が入力されており，さらに階段の場合には段数や1段の高さまでが実測値で入力されている．ドアのタイプや有効幅の情報も入力されている．こうした客観的な情報に加えて，現場の状態を視覚的に確認することのできる写真や動画が用意されたり，実際に利用したときの感想も入力されている．また，膨大な情報の中からより有効な情報を提供するための効率的なフィルタリング機能[8]や現地のリアルタイム動画の配信[9]，柔軟性と拡張性に優れるXMLデータベースの搭載[10]といった改良も進められている．これらの施設データと検索機能により，閲覧者が要求する内容の情報が指定した形式によって提供さ

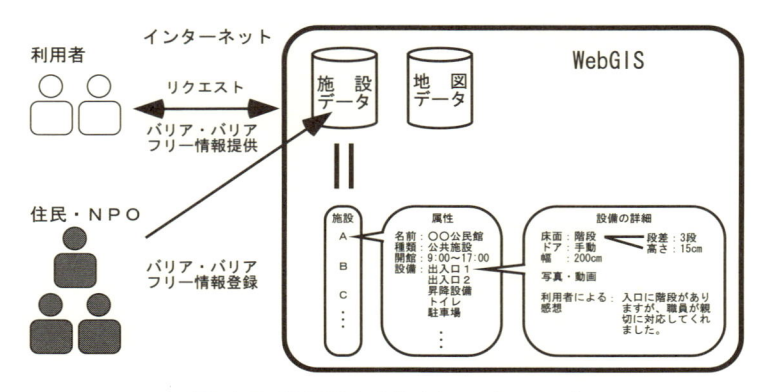

図11.5 WebGISによるバリアフリーマップ

11.3 福祉のまちづくりにおける GIS

れ,建築物のバリア・バリアフリーを評価できるようになっている.

ただし,データベース構築にあたり最も切実となる問題は,既製のものがほとんど存在しない施設のバリア・バリアフリー情報を独自に収集し,更新するために多大な作業が必要とされることである.これは,紙媒体にも電子媒体にも共通する問題であり,特に人員の不足が作業の遅延を招く.この点からも,インターネットを介して複数の者が情報の入力・更新を分担できる WebGIS が注目されている.

図 11.6 は,盛岡市障害福祉課が作製・公開する WebGIS 版のバリアフリーマップである.地図の上に識別番号で建築物の位置が示され,ページの下部にその一覧が表示される.そこから各建築物のページにリンクが設定されており,バリア・バリアフリーに関する詳細情報を閲覧できる.さらに,情報募集のページからは未入力の建築物に関して情報を入力でき,自治体職員による確認を経てから地図上に情報が公開される仕組みになっている.

最近では,GPS 端末を携帯した調査ボランティアが現地で位置情報とともにバリア・バリアフリー情報を収集し,それをデータベースに直接登録するシステムも開発されている[12].また,Google マップや地図配信サービスを利用することで,独自の地図データと配信サーバを導入せずとも,つまり高度な技術を必要とせずに WebGIS 版のバリアフリーマップを実現することが可能になってきた.

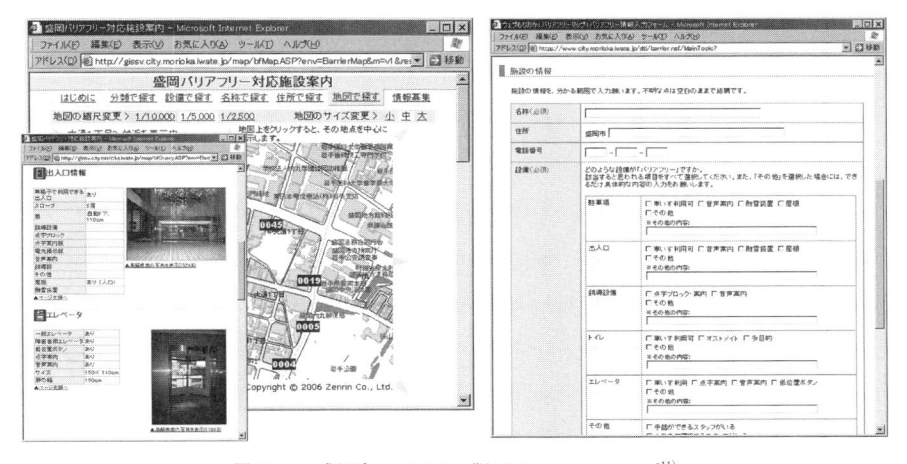

図 11.6　盛岡市の WebGIS 版バリアフリーマップ[11]

従来のバリアフリーマップは，情報の掲載対象が公共施設や医療・福祉施設に偏っており，こうした傾向は自治体が作製する事例で顕著にみられた[13]．しかし，障害をもつ人が民間の商業施設や飲食店，遊興施設に関するバリア・バリアフリー情報を必要としないわけではない．むしろ既存の情報が少ないためになおさら必要度は高い．そうした情報は，公的組織として取扱いに制約を負っている自治体ではなく，住民・NPOが収集・編集し，公開していくことが期待される．海外では，住民やNPOの活動を支援する住民参加型GIS（public participation GIS）が注目されている[14]．WebGIS版のバリアフリーマップは，その一例としても位置づけられる．

11.4　GISによる歩行者の移動支援

現実問題として，福祉のまちづくりによっても，まちの中に存在するすべてのバリアをただちに除去することは難しい．バリアフリーへの理解が高まり，その効果が徐々に現れるのを待つ間にも，障害をもつ人はバリアに満ちたまちへ出掛けなくてはならない．そのために必要な情報をバリアフリーマップは提供するが，携帯しにくいものが多いため，外出前に目的地を選択したり，そこまでの経路を確認するなどのおもに学習的な使われ方をしている[13]．しかし，実際の外出においては，自宅を出発してからもまちの中のさまざまな目印や掲示物，刻一刻と変化する周囲の状況を確認しながら目的地まで移動することになる．特に事前に計画していなかった行動をとる場合，もっぱら現地で得た情報に基づいて次の行動のために移動しなければならない．障害をもつ人の場合，この現地での情報入手に関してもさまざまなバリアに直面する．社会参加の促進には，困難のない移動とその助けとなる情報の入手が重要である．

私たちの外出行動は，大局的と局所的の2つのスケールで周囲の事物を認識して行われるといわれている[15]．前者に関しては，おもに地図を情報源として周囲の事物の位置関係を俯瞰的に理解しようとする．一方の後者では，個々の場所を対象にそこを構成するさまざまな要素や場所と場所との近接関係について理解しようとする．それには現地や移動経路に沿っての状況確認が重要となる．前者に加えて後者に関する情報を，個人の要求に応じた内容と形式で提供するGISの開発が進められている．ここでは，そのようなシステムを移動の意思決定を支

するGISとして，歩行者支援GISと呼ぶことにする．

　歩行者支援GISの特徴は，既述のWebGIS版バリアフリーマップにおける大縮尺の地図データと施設データに加えて，歩道のバリア・バリアフリー情報の緻密なデータベースをもつことである[16]．これは，歩道の状態を具体的に示す情報と通行の可能性を評価した結果から構成される．前者に関しては，歩道の傾斜や幅，切下げの幅・傾斜，ガードレールや街路樹などの項目が設定され，詳細な情報が入力されている．後者に関しては，閲覧者を障害の種類などに基づいてグループ化し，グループごとに基準を定め，歩道の通行について可能・不可能を評価した結果が入力されている．これらによって，移動の行程におけるバリア・バリアフリー情報を提供できる．

　また，歩道のバリア・バリアフリー情報は，地図データの歩道と関連づけることが可能である．歩道はネットワークとして構成されており，ラインが歩道に，ノードが歩道と歩道の交点に相当する．また，車道の両脇に歩道が走る場合には2本のラインが，車道を横切る横断歩道や歩道橋にもラインが設定されるなど，歩行者の移動条件を忠実に設定できるネットワークである．こうした精緻な歩道ネットワークとバリア・バリアフリー情報を関連づけ，GISのネットワーク分析機能と組み合わせることで，バリアを回避したり，身体に負担がかからない，などの条件に基づく，つまり個人の要求に応じて適切と判断される移動経路の提案を可能としている．

　図11.7は，情報通信研究機構の情報通信部門ユニバーサル端末グループが開発し，民間の地図会社が商品化を進めているWebGIS版の歩行者支援GISである．画面上のメニューから障害の種類を選ぶことで，それに該当する人々からみてバリアとなる要素を伴う歩道が地図上に表示される．さらに，出発地と到着地を地図上に指定することで，適切な移動経路の候補が，所要時間や総延長距離の情報とともに表示される仕組みである．

　現在，歩行者支援GISは，外出中に屋外でリアルタイムに情報を得るためにPDA（携帯情報端末）や携帯電話で利用可能なものの開発が進められている．ただし，携帯型の端末では情報を表示する画面が小型にならざるを得ないため地図の視認性に問題が生じたり，情報の誤読から誤ったナビゲーションになる可能性が高い[18]．そこで，3次元の地図データから3次元映像を生成し，配信することで，移動中に端末の画面上に表示される情報と現地の実状を同定しやすくするシ

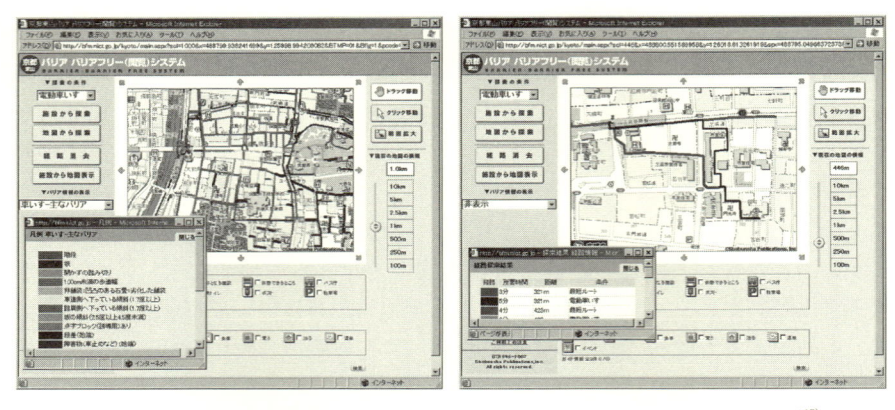

図 11.7　情報通信研究機構の歩行者支援 GIS(京都東山バリア・バリアフリーマップ)[17]

ステムも開発されている[19]．

　外出中にリアルタイムで情報を取得するためのシステムは，ユビキタスコンピューティングの分野でも開発されている．英語の「遍在する」という意味の言葉であるユビキタスは，現在，情報通信技術を「いつでも，どこでも」使うことができるという意味でも使われており，国土交通省では，このユビキタスによる自律移動支援プロジェクトを進めている．ユニバーサルデザインの観点を取り入れて，障害をもつ人だけでなく高齢者や外国人などのすべての人を対象とした外出時に必要な情報を提供することで移動を支援し，社会参加を促進するための実証実験である[20]．

　このプロジェクトの特徴は，対象地域のいたるところに IC タグや赤外線マーカを設置し，携帯型の端末を所持する歩行者がそこに近づくと IC タグや赤外線マーカから情報が受信され，その場所の情報が端末に表示されるという仕組みにある（図 11.8)[21]．また，無線でインターネットにアクセスし，WebGIS で地図を端末に表示させて現在地の確認や目的地までの経路を調べることもできる．これらの機能により，現地においてその場所や周囲の状況を把握したり，移動上の意思決定に必要な情報を入手できる．これらの情報は，端末の液晶画面に表示されるだけではなく，イヤホンで音声として受け取ることも可能である．まちなかの点字ブロックにも，その場所や周囲の移動条件に関する情報を記録した IC タグが取りつけられており，視覚に障害をもつ人が IC タグの読み取り装置を内蔵した白杖を使って移動すると，白杖で読み取った IC タグの情報が携帯端末に伝

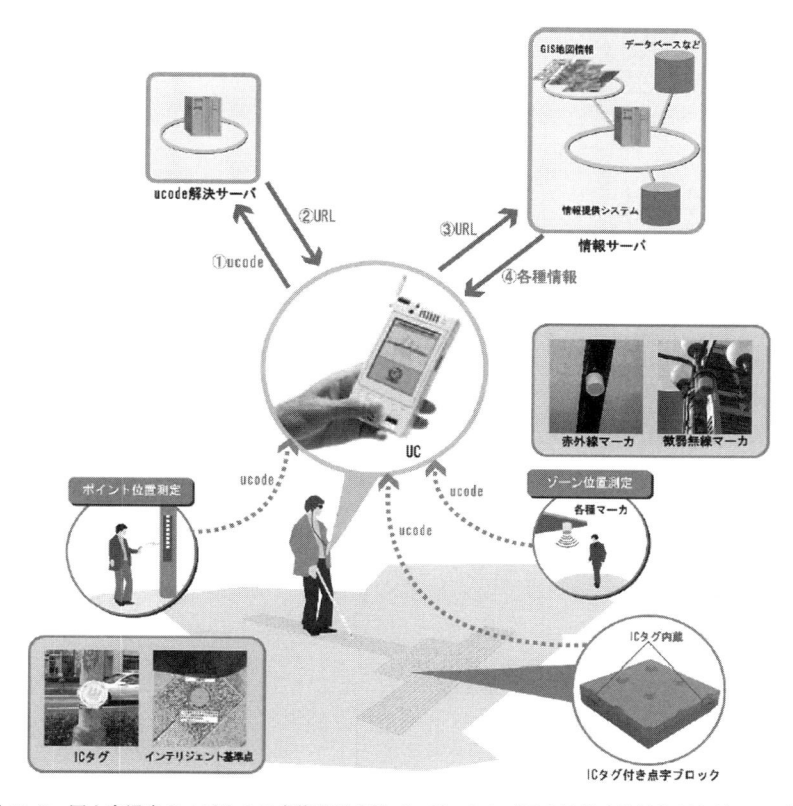

図 11.8 国土交通省のユビキタス自律移動支援プロジェクト（国土技術政策総合研究所, 2007）[21]

送され，さらにイヤホンを通じて音声化された情報が伝達される仕組みになっている．

　障害をめぐる議論の中では，私たちの活動を制約するバリアに満ちた環境のことをディスエイブリング（disabling. 不可能にする）な環境と呼んでいる．バリアフリーはバリアを除去する取組みであったが，自律移動支援プロジェクトにおいて IC タグなどをまちのいたるところに設置する事業は，私たちの活動を促すことのできる，すなわちイネーブリング（enabling. 可能にする）な環境を創出することが目的といえよう．このような取組みにおいても，位置や場所に関する情報と GIS が活用されている．

11.5　福祉事業における GIS の利活用

　本章では，わが国の福祉事業における GIS の利用動向について 3 つの分野に注目してみてきたが，GIS が果たす役割としておもに次の 2 点が指摘される．
　まずは，福祉サービスの提供者（行政やサービス事業者など）がその業務を効率的・効果的に実施したり，サービスの受給者に必要な情報を提供するために GIS を利用するものである．本章で取り上げた介護保険事業における GIS がそれに該当する．今後，この種の GIS は，総務省が提唱する統合型 GIS の導入が自治体の現場で拡大するならば，それに伴い普及すると予想される．
　一方，福祉を特殊なニーズをもつ人の問題とするのではなく，より広い意味で私たちに共通する生活の問題としてとらえるならば，私たちがともに生活している環境の改善を視野に入れた，共生のためのまちづくりが必要となる．そして，その取組みは行政が主導するのではなく，積極的な住民参加により展開されることが理想である．こうした分野における GIS は，住民参加型 GIS として注目されており，新たな地域ガバナンスを構築するためのツールとして期待される．本章で取り上げた WebGIS 版のバリアフリーマップは，わが国におけるその先進例といえよう．
　このように福祉と一言でいっても，事業のマネジメント的な用途からまちづくりのためまで，GIS の利用範囲は広い．ただし，共通することは，いずれの場合にも大縮尺の地図や個人情報，位置・場所の情報といったきわめて詳細な情報が必要とされ，それを実際に取り扱っていることである．そのためにプライバシーの問題などには細心の注意が必要とされるが，その一方で福祉が現実の空間における問題であり，具体的な対応が必要とされることを，このことは如実に物語っている．
　現代の情報化社会に対しては，技術決定論的でユートピア的な見方が広く存在する．しかし，とりわけ福祉の領域では，情報通信技術の発展がすべての問題を解決するわけではない．情報はあくまでも現実の空間における問題を回避したり，そのリスクを軽減するために使われる資源である．GIS という技術の活用も，福祉の主体は人間であるという原則を逸脱してはならないであろう．

　（本章の執筆には，お茶の水女子大学教育研究プロジェクト「コミュニケーションシステムの開発によるリスク社会への対応」（文部科学省特別教育研究経費）の支援を

受けた.)　　　　　　　　　　　　　　　　　　　　　　　　　　　　　　　　　　［宮澤　仁］

引 用 文 献

1) 宮澤　仁編著（2005）：地域と福祉の分析法―地図・GISの応用と実例―，162 p，古今書院．
2) 角田孝一（2000）：尼崎市におけるGISを利用した介護保険（地図情報検索）システムについて．地方自治コンピュータ，**30**(11)：43-48．
3) 佐藤英生（1999）：ケーブルテレビとインターネット技術，地理情報システム（GIS）技術などの利活用による高度介護サービスの可能性．NEW MEDIA，**17**(11)：39-42．
4) 野村　歓（1997）：福祉のまちづくり2―福祉のまちづくりと市民の役割．リハビリテーション研究，**26**(4)：28-32．
5) 多摩市福祉マップを作る会（2000）：多摩市福祉マップ―C．多摩センター駅かいわい―改訂版2000年春，63 p，多摩市福祉マップを作る会．
6) 田中芳則（1999）：車いすマップWWW版の現状調査とその試作．1999年情報学シンポジウム講演論文集：81-86．
7) 真木　亨ほか（2001）：WebGISによるバリアフリーマップの要求分析．地理情報システム学会講演論文集，**10**：207-210．
8) 山本浩司ほか（2004）：投稿情報に基づく地図上の情報推薦システム．電子情報通信学会技術研究報告，**104**(144)：55-60．
9) 高橋　正ほか（2004）：ディジタル福祉マップの高度化に関する検討―イベント連携機能の地域実験．研究会講演予稿（画像電子学会），**207**：41-44．
10) 大屋紀和ほか（2005）：福祉地理情報データベースの設計と福祉シティマップの提案．電子情報通信学会技術研究報告，**105**(506)：13-18．
11) 盛岡バリアフリー対応施設案内．http://gissv.city.morioka.iwate.jp/map/bfStatic.ASP?env=BarrierAbout（2007年4月確認）
12) 高橋　正ほか（2004）：ディジタル福祉マップの高度化に関する検討―位置情報を用いた高機能化実験．研究会講演予稿（画像電子学会），**213**：83-86．
13) 二口絵理子・宮澤　仁（2004）：バリアフリー・マップの現状と下肢不自由者の情報要求からみたその有用性．地図，**42**(3)：1-10．
14) 田中恭子（2005）：市民参加のためのGIS（地理情報システム）．社会環境設計論への招待（新井光吉ほか著），pp. 223-246，八千代出版．
15) 本間昭信（2000）：日常的な生活空間における視覚障害者の空間認知．地理学評論，Ser. A，**73**：802-816．
16) 矢入（江口）郁子ほか（2002）：バリア・バリアフリー情報を蓄積した歩行者移動支援GISの開発．情報処理学会研究報告，2002(115)：37-43．
17) 歩行者支援GISを使う　京都東山バリア・バリアフリーマップ．http://bfms.nict.go.jp/kyoto/index.html（2007年4月確認）
18) 土方嘉徳ほか（2003）：携帯端末を使った地図表示インタフェースのユーザビリティ評価．ヒューマンインタフェース学会論文誌，**5**：331-339．
19) 矢入（江口）郁子・猪木誠二（2004）：高齢者・障害者を含む全てのユーザを対象とした歩行者支援GISプロジェクト．電子情報通信学会技術研究報告，**103**(587)：17-22．

20) 坂村　健編（2006）：ユビキタスでつくる情報社会基盤，307 p，東京大学出版会．
21) 国土技術政策総合研究所（2007）：自律移動支援システム基本アーキテクチャ，18 p．
http://www.jiritsu-project.jp/siyousho/070323/900_J001.pdf（2007年4月確認）

12 統計調査と GIS

12.1 統計資料の分析における GIS の有用性

　GIS の有するデータ可視化などの特性は，国勢調査などの統計調査の利用可能性を大きく広げた．またバッファリングなどの空間検索が容易であることから，マーケティング，政策立案などのためのさまざまな分析を短時間で行うことが可能となった．

　たとえばマーケティングにおける活用を考えた場合，GIS によって小地域単位の性別・年齢別の人口データを任意の空間的範囲で集計可能なことから，仮想の立地点における潜在的な顧客数を瞬時に把握することができる．これに競合店の立地情報などを勘案することにより，収益を最大化させる最適な立地点を選定することが可能となる．このような GIS の活用事例として，マクドナルド社における「McGIS」の開発・利用があげられる．マクドナルド社はこれによって出店調査のコストを大幅に抑えることが可能になり，大量の新規出店を短期間に行うことができたとされる[1]．このように「GIS による小地域単位の統計資料分析」の効果，有用性は非常に大きいものがあり，これが現在，官民を問わずあらゆる分野で GIS が普及しつつある要因の1つといえるであろう．

　このような分析の材料となる小地域統計は，農林業センサスの農業集落別集計が 1955 年実施分から，国勢調査の調査区別集計が 1960 年実施分から公表されるなど，比較的早い段階で利用可能となっていた．しかし，その集計には膨大な計算量が必要なことから，限られた時間内にさまざまな分析を行うことは困難であり，その後の電子計算機の汎用化，そして近年における GIS ソフトウェアの改良・普及に伴ってようやく上記のような分析が一般化したということができる．

本章では，上述のような「GIS による小地域単位の統計資料分析」の有用性を理解するための一助にすべく，筆者が近年取り組んでいる地域メッシュ統計を用いた人口データ分析と，これを利用した地域別の将来人口推計について述べる．

12.2 地域メッシュ統計と国勢調査

12.2.1 地域メッシュ統計

市町村領域よりも小さい単位の統計，すなわち小地域統計には，国勢調査の町丁・字等別集計，事業所・企業統計調査の調査区別集計，農林業センサスの農業集落別集計などさまざまなものがあり，詳細な地域分析のための統計資料として有用である．しかしながら，これらの統計資料の最大の難点は，集計単位となる範域がしばしば変更されるため，時系列の集計・分析が困難なことである．また，それぞれの統計資料における集計単位は基本的に個別に設定されていることから，異なる資料どうしのマッチングが困難であり，そのために分析の可能性が制約されている．

地域メッシュ統計は，これらの課題を踏まえて編成されることになった小地域統計である．緯度，経度に基づき約 1 km 四方（あるいは約 500 m 四方）に格子状に細分化された地域単位について表章されるため，同一統計資料における時系列比較および各種の統計資料を組み合わせた集計・分析が可能である．1960 年代に関連省庁間で研究が進められ，これを踏まえて現行のメッシュ区分の方法が，行政管理庁告示（「統計に用いる標準地域メッシュおよび標準地域メッシュ・コード」1973 年 7 月 12 日行政管理庁告示第 143 号）によって定められた．具体的な地域区分の方法は，以下のとおりである．

まず，地表面を緯度 40 分間隔，経度 1 度間隔で区分したものが第 1 次地域区画となっている．これを縦横に 8 等分した区画が第 2 次地域区画であり，さらに縦横に 10 等分したものが第 3 次地域区画である．第 3 次地域区画は基準地域メッシュとも呼ばれ，これをさらに緯線・経線方向に 2 等分，4 等分，8 等分した分割地域メッシュもときに用いられる（それぞれ 2 分の 1 地域メッシュ，4 分の 1 地域メッシュ，8 分の 1 地域メッシュと称する）．なお国土地理院発行の地図との対応関係については，第 1 次地域区画は 20 万分の 1 地勢図の 1 図幅に対応し，第 2 次地域区画は 2 万 5,000 分の 1 地形図の 1 図幅に対応する．

第3次地域区画（基準地域メッシュ）は，各区画がおおむね 1 km×1 km の正方形に近い形となるが，以上の区分法から明らかなように，実際には高緯度に位置するメッシュほど東西の幅が狭くなる．たとえば，北海道札幌市付近の基準地域メッシュの東西距離は約 1,020 m であるのに対し，沖縄県那覇市付近においては約 1,250 m となる．

なお，2001 年の測量法の改正に伴い日本にも世界測地系が導入されることになり，以後の地域メッシュ統計については世界測地系に基づく区分となる．世界測地系に基づき編成される地域メッシュは，日本測地系に基づく地域メッシュと比べて南東方向に 400〜450 m 程度ずれることとなる．そのため過去の地域メッシュ統計についても，世界測地系に基づくものが遡及編成されつつある．

これまでに地域メッシュ単位で調査結果の編成を行っている統計調査としては，国勢調査（総務省統計局），事業所・企業統計調査（同），工業統計（経済産業省），商業統計（同），宅地利用動向調査（国土交通省）などがある．

12.2.2　国勢調査の地域メッシュ統計

国勢調査の地域メッシュ統計について解説したものとしては，まず総務省統計局の資料「地域メッシュ統計の概要」がある（http://www.stat.go.jp/data/mesh/gaiyou.htm）．また，作成の経緯，作成方法とその変遷，データの特質などについて述べたものに，大友[2]，岩佐[3]，小西・田村[4]，河邊[5] などがある．ここではこれらを参考に国勢調査の地域メッシュ統計について概要を述べる．

国勢調査の地域メッシュ統計は 1965 年国勢調査から作成されているが，この年次については首都圏と近畿圏に限って作成されており，また次の 1970 年国勢調査からは対象が全国となったものの，この2回については 20% 抽出データを利用して地域メッシュ統計の編成が行われている．1975 年国勢調査では基本集計が全数集計結果を，詳細集計が 20% 抽出データを使用し，1980 年国勢調査以降はすべての項目について全数集計結果が用いられている．

データの作成方法も変化を続けてきた．まずデータ編成の区画は，当初は基準地域メッシュであったが，1970 年以降は人口集中地区（DID）のみ2分の1地域メッシュ単位でも編成されるようになった．さらに 1995 年以降は全国で2分の1地域メッシュ単位の編成が行われている（1995 年については，世界測地系による遡及編成においてのみ全国で実施）．

また，編成の素材となるデータについても，1985年までは「調査区」単位のデータであったが，1990年以降はより細分化された「基本単位区」単位のものが用いられている．また「調査区」あるいは「基本単位区」単位のデータを各メッシュに対応づける同定の方法も変遷を重ねている．詳細については省略するが，かつては複数のメッシュにまたがる「調査区」であっても，その「調査区」全体を，包含される面積などに応じていずれか1つのメッシュに同定していたものが，近年においては面積割合あるいは人口分布に応じて「基本単位区」のデータを細分化して割り振る方法をとっている．このようなことから，地域メッシュ統計の精度は回を追うごとに向上しているが，見方を変えると，異なる年次間で同定方法が異なることから，同一のメッシュであっても，もとのデータが対象としている空間範囲が異なる可能性に注意する必要がある．各メッシュが多数の「調査区」あるいは「基本単位区」からなるような都市部の場合は問題は小さいが，人口が希薄な山間地などの場合，同一メッシュの時系列比較は一般的に困難である．

　また，先述のように2001年の世界測地系の導入に伴い，地域メッシュ統計の区画も変更されている．同一コードの基準地域メッシュであっても，世界測地系と日本測地系とでは重複する面積は半分程度であることから，直接の比較はほとんど意味をなさない．2007年現在，1995，2000年国勢調査については遡及編成がなされているが，それ以前の国勢調査についても作成が待たれるところである．なお，次項以降に示す分析は，すべて日本測地系に基づく地域メッシュ統計を用いている．

12.2.3　地域メッシュ統計の長所と利用可能性

　このように国勢調査の地域メッシュ統計の利用にあたっては，いくつかの注意点がある．しかしながら，地域メッシュの形状はほぼ同一であることから，各メッシュの人口などの数値を地図化した際，分布状況をより的確に把握できること（町丁別などの場合，面積のばらつきが大きく，データを地図化した際に各事象の分布状況について誤解を与える可能性がある），世界測地系の導入などのまれな事情を除けば各メッシュの区画は永久的であり，各メッシュの人口増加など2時点間の比較に基づく指標を容易に算出，地図化できること（町丁別データなどは，年次ごとに区画が変更されるので，変化に関する指標を求めることが困難

である) など，大きな長所を有している．

また，各メッシュはほぼ正方形であることから，ある範囲の中から任意の形状を切り出してデータを集計することが容易である．たとえば，ある都市の中心から一定距離の半径をもつ円を設定して，その内部の人口を集計することができる．いうまでもなく都市の行政領域は大きさ，形とも一定しておらず，この点がさまざまな指標の比較を困難にしているが，たとえば中心から半径 10 km の円を設定し，その内部の人口や事業所数などを集計すれば，より厳密な都市間の比較が可能になるであろう．また，複数の同心円および中心から各方角への放射線を描くことにより，ゾーン・セクターの設定も可能であり，かつての郊外化や近年の都心回帰などの実態把握がより的確に行えるようになる．また，このようなメッシュデータの合算を行うことにより，先述のような「調査区」，「基本単位区」データの地域メッシュへの同定方法が年次によって異なる点についても，あまり問題にならなくなる．これはいうまでもなく，合算の空間的範囲が広がるほ

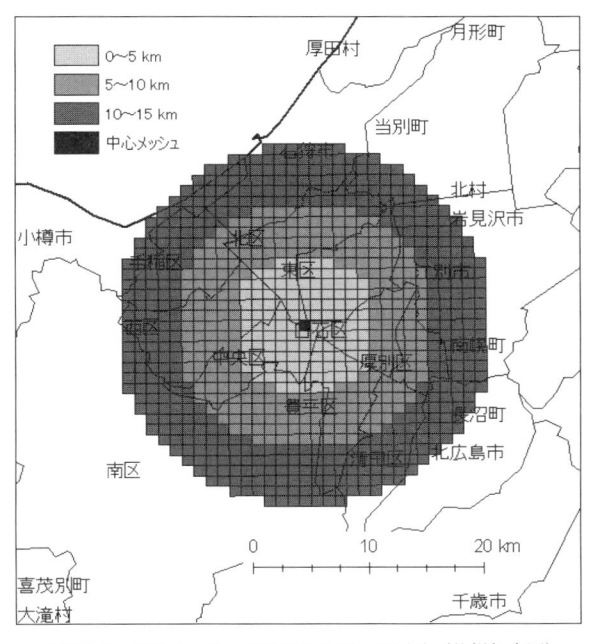

図 12.1　地域メッシュを利用したゾーン区分 (札幌都市圏)

ど,より多くの「調査区」,「基本単位区」が含まれることになり,設定された地域範囲が対象とする「調査区」,「基本単位区」の異なる年次どうしの重複率が100％に近づいていくためである.

図12.1に札幌都市圏におけるこのような集計の事例を示す.ここでは札幌市役所を中心とする空間検索により,「0〜5 km」:半径5 km以内に含まれるメッシュ(メッシュの一部分でも5 km以内に入れば含めることとし,以下同様とする),「5〜10 km」:半径10 km以内に含まれるメッシュから「0〜5 km」を除いたもの,「10〜15 km」:半径15 km以内に含まれるメッシュから「0〜5 km」,「5〜10 km」を除いたもの,という3つのゾーンを設定している.

このようなゾーンを札幌都市圏のほか,同じ政令指定都市の都市圏である仙

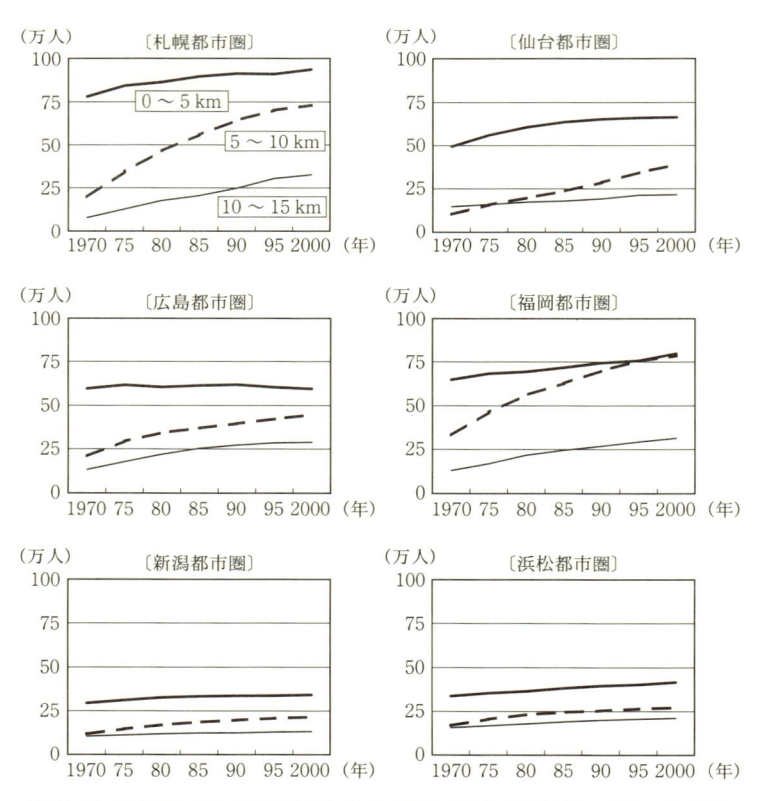

図 12.2 都市圏における距離帯ごとの人口変化(出典:国勢調査,1970〜2000年)

台，広島，福岡，新潟，浜松の各都市圏について設定し，1970～2000年の人口変化をみたものが図12.2である．ここから，いわゆる地方中核都市である札幌，仙台，広島，福岡の4つの都市圏どうし，2007年に政令指定都市となった新潟，浜松の2都市圏どうしでは比較的似通った人口変化となっていることがわかる．

札幌，仙台，広島，福岡の各都市圏については，「0～5km」は1970年当初からおおむね50万人以上というかなりの人口規模を有しており，2000年までの変化はそれほど大きくない．一方でこれを取り巻く「5～10km」については，30年間で大幅な人口増加となった．また「10～15km」については，当初は「5～10km」と同水準であったが，増加のペースはゆるやかであり，その結果，2000年までの間に両者の差は相当程度，拡大している．つまり地方中核都市においては，「5～10km」ゾーンが人口増加の最前線であったと判断することができる．

これに対して新潟，浜松の2都市圏については，以上の4都市圏のような大きな変化はみられない．ただし3つのゾーンの中ではやはり中間の「5～10km」の変化がやや大きい．また以上の6都市圏とも「10～15km」については30年間の人口変化がさほど大きくなく，2000年時点でもおおむね15～30万人程度の水準となっている．このことから地方の政令指定都市については，高層ビルの数などに象徴されるような中心部の稠密ぶりについては都市によって大きく異なるものの，中心から10km程度離れれば，比較的共通の都市景観が観察されるものと考えられる．

12.3　東京大都市圏の将来人口—距離帯別および鉄道路線からの距離別分析

12.3.1　分析方法

周知のとおり，日本の人口は長期にわたる減少局面に入った．ただし都道府県別にみた場合には差が大きく，地方圏においては多くの県で人口減少が加速する一方，大都市圏においては当面は人口が維持されるとみられる[6]．しかしながら，大都市圏においても，地域別にみた場合には，今後の人口変化に大きな差が生じる可能性がある．そこで，ここでは東京大都市圏を対象に，基準地域メッシュ単位で将来人口推計を行い，都心からの距離帯別，鉄道路線からの距離別にその結果を集計する．なお，研究方法および結果の詳細については江崎[7]を参照されたい．

まずここでは，東京大都市圏を，都心から半径50 kmの円内と定義する．都心をどの地点に定めるかについてはさまざまな考え方があるが，ここでは旧東京都庁の所在地（千代田区丸の内3丁目）を円の中心と定めた．そしてこの範囲にある各基準地域メッシュを対象として，コーホート変化率法による将来人口推計を行う．

コーホート変化率法とは，コーホート（同時出生集団）の経年変化の安定性に着目して，コーホートごとに将来の推計人口を計算し，各時点において全年齢について合算することにより，将来人口を算出するものである．国立社会保障・人口問題研究所など，世界の公的機関による将来人口推計において多く用いられているコーホート要因法と比較するとやや簡便な方法であるが，両者ともコーホートの経年変化の安定性，すなわち層が厚い世代は層が厚いまま，層が薄い世代は層が薄いまま加齢する，という原理を応用している点は同じである．したがって，シナリオ設定の考え方が同様であるかぎり，両者の推計結果が大きく異な

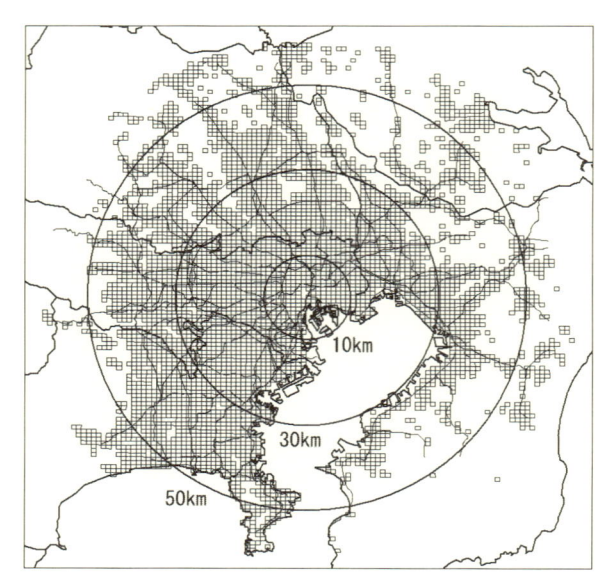

図 12.3 分析対象地域
分析に用いたメッシュは50 km圏内のもののみであるが，ここでは60 km圏内のメッシュを図示している．また鉄道路線については一部図示を省略している．

ことはない．ここでは2000年の人口を基準として，2015年までの将来人口を5年おきに推計した．なお推計にあたっては，① 1995〜2000年の男女5歳階級別コーホート変化率が2015年まで一定，② 2000年の子ども・婦人比が2015年まで一定，③ 全メッシュの2015年までの出生性比は1995〜2000年の全国の出生性比105.5，とする仮定をおいた．また，人口が希薄なメッシュについては人口の転入，転出状況の安定性が疑われ，そのため将来人口推計が困難なことから，ここでは2000年時点で人口1,000人未満のメッシュについては分析の対象からはずすこととした．図12.3に，分析対象地域を大都市圏内の各鉄道路線とともに示す．

12.3.2 分析結果
a．集計方法

以上のような方法により各基準地域メッシュの将来推計人口が算出されたことから，これを都心からの距離帯別に集計し，今後の人口変化が距離帯によってどのように異なるかをみていく．また一般に大都市圏においては，近郊では鉄道網が密に発達しているが，遠郊では鉄道網は疎であり，鉄道駅でバスに乗り換えることにより到達可能な住宅地も多い．そこで，遠郊部においては鉄道路線との位置関係別に将来推計人口を集計することとした．

具体的には，まず距離帯別の集計については，半径50kmの範囲を「0〜10km」，「10〜30km」，「30〜50km」の距離帯に区分し，それぞれの円あるいは

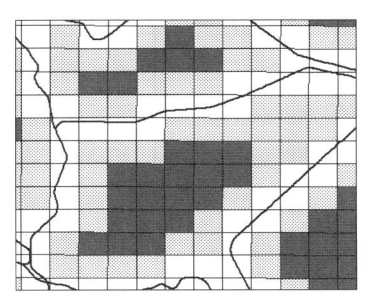

□「路線上」　▨「1km以内」　■「1km以遠」

図12.4　鉄道路線との位置関係別にメッシュを分類する方法
10〜30km帯の一部を拡大して例示した．

リング状の地域に含まれるメッシュについて，2000年人口および2015年の将来推計人口を合算した．また，鉄道路線との位置関係については，「30～50 km」帯に含まれるメッシュのうち，鉄道路線上にあるメッシュを「路線上」，路線上にはないものの各路線から1 km以内に位置するメッシュを「1 km以内」，これら以外のメッシュを「1 km以遠」と定めた．図12.4にこの分類法について示す．

b． 距離帯別分析

将来人口推計に基づく2000～2015年の人口増加率を図12.5に示す．「10～30 km」が6％近くと最も大きな人口増加が見込まれており，続いて「30～50 km」は約4％の増加が予想されている．「30～50 km」はかつては人口増加の最前線であったが，今後はやや伸び悩む見通しとなっている．また，近年人口の「都心回帰」が注目されている「0～10 km」であるが，この勢いは長続きせず，2000～2015年の期間で2％弱の増加にとどまるものとみられる．これについては，都心地域の出生率がきわめて低いことが一因である．

次に，年齢階級別の将来推計人口をもとに2015年の老年人口割合を算出し，2000年の値と比較した（図12.6）．第1次ベビーブーム世代が高齢者となる2015年には，いずれの距離帯においても老年人口割合が大きく上昇する．しかしながら距離帯による差については，2000年と2015年ではまったく逆の状況となっている．すなわち2000年においては「0～10 km」，「10～30 km」，「30～

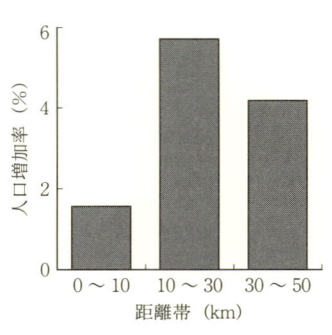

図12.5 推計値に基づく2000～2015年の人口増加率（距離帯別）

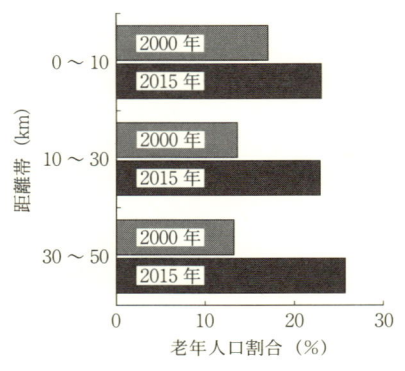

図12.6 推計値に基づく2000～2015年の老年人口割合の変化（距離帯別）

50 km」の順に老年人口割合が大きく，都心に近いほど高齢化が進んでいたのが，2015年にはいちばん外側に位置する「30〜50 km」の高齢化水準が最も高くなる見通しとなっている．これは，「0〜10 km」においては外部からの若年人口の供給によって老年人口割合の上昇が抑えられるのに対して，「30〜50 km」では，新興住宅地に大量に集積した第1次ベビーブーム世代などの層の厚い世代が2015年にかけて65歳以上となるなか，一方で若年人口の流入が乏しく，老年人口割合が一気に上昇するためである．

c. 鉄道路線からの距離別分析

まず，「30〜50 km」帯の各メッシュの2000年人口と2015年の推計人口を，「路線上」，「1 km以内」，「1 km以遠」の3つの類型ごとに合算し，人口増加率をみたものが図12.7である．この図から，「路線上」，「1 km以内」，「1 km以遠」の順に予測される人口増加率が小さくなることがわかる．つまり，鉄道駅へのアクセスの悪い不便な住宅地ほど人口が伸び悩む可能性が強い，という結果となっている．

次に，2000〜2015年の老年人口割合の変化を示す（図12.8）．2000年時点ではほとんど差がみられない老年人口割合が，2015年では鉄道路線から遠くなるほど，すなわち「路線上」，「1 km以内」，「1 km以遠」の順に大きくなる．すでにみたように，第1次ベビーブーム世代などの郊外第1世代が高齢期に突入することで急激な高齢化が不可避な「30〜50 km」帯であるが，鉄道路線から離れた

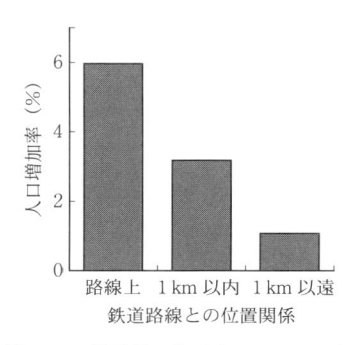

図12.7 推計値に基づく2000〜2015年の人口増加率（30〜50 km帯・鉄道路線との位置関係別）

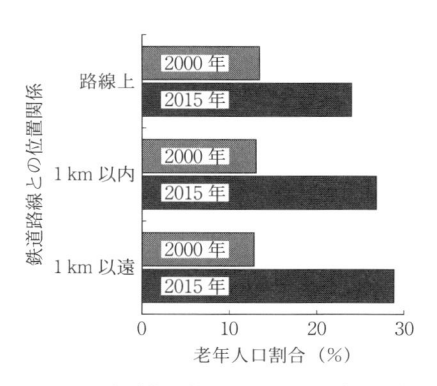

図12.8 推計値に基づく2000〜2015年の老年人口割合の変化（30〜50 km帯・鉄道路線との位置関係別）

比較的利便性の低い住宅地では,第2世代が離家する一方で,それに見合った若年人口の新規流入がみられず,その分,高齢化に拍車がかかるものと考えられる.

(本章の分析においては,平成12〜14年度厚生労働科学研究費補助金(政策科学推進研究事業)「地理情報システムを用いた地域人口動態の規定要因に関する研究」主任研究者,小口 高(東京大学助教授(当時))の一部を使用した.また本章の一部は,東京大学空間情報科学研究センターの研究用空間データ利用を伴う共同研究(研究番号26)の成果である.) [江崎雄治]

引 用 文 献

1) 山口広太(2001):マクドナルドのIT戦略,163 p,経林書房.
2) 大友 篤(1990):地域メッシュ統計の20年.統計,**41**(7):4-10.
3) 岩佐哲也(1995):国勢調査に関する地域メッシュ統計の作成方法の検討について.統計局研究彙報,**53**:1-36.
4) 小西 純・田村朋子(2007):「地域メッシュ統計」の作成方法の変遷と今後の利用について.*ESTRELA*,**155**:10-18.
5) 河邊 宏(1985):地域統計概論(地理学基礎講座4),195 p,古今書院.
6) 国立社会保障・人口問題研究所(2007):日本の都道府県別将来推計人口―平成17(2005)〜47(2035)年―平成19年5月推計,217 p,厚生統計協会.
7) 江崎雄治(2006):首都圏人口の将来像―都心と郊外の人口地理学,171 p,専修大学出版局.

13 公共政策と GIS

13.1 公共政策と GIS

　近年，公共政策において GIS が積極的に活用されるようになってきている．そこでまず公共政策と GIS とはなにかという点について簡単に説明しよう．公共政策についてはさまざまな定義がある．一般に公共政策とは，公共的な課題に対して政府や地方公共団体などの公共部門が主体となり，公共の福祉を増進させるために立案される施策や計画といえる．ちなみに公共政策の定義に共通の要素として，Birkland[1] は以下の 5 つの特徴をあげている．

・政策は，「公共」の名において策定されている
・政策は，一般に政府により策定あるいは提案されている
・政策は，公共と民間の関係者により解釈され，実施されている
・政策は，政府が行おうとするものである
・政策は，政府が行わないと選択したものである

　一方，GIS についてもいろいろな定義がある．一般に GIS とは，電子化された位置情報や位置情報に関連づけられた情報である空間データ（地理空間情報とも呼ばれる）を作成・管理・統合・操作・分析・表示するなど一体的に処理する情報システムと理解される．この空間データにはさまざまな種類が存在し，たとえば，位置情報を有する行政界，公示地価，土地利用，活断層，道路，標高，衛星画像，空中写真などはすべて空間データである．

　公共政策は「公共」のための政策であり，それに関わる一連のプロセスにおいては十分な情報の裏づけと情報公開がますます重要になってきている．こうした状況に関連して空間データの整備は急速に進んでおり，現在では国，地方公共団

体，民間企業が多種多様な空間データを提供している．GIS を使うと，さまざまな空間データを統合して高度な分析や視覚的な表現を行うことができ，公共政策のプロセスにおいて有用な情報を提供できる．また，IT 化が進み膨大な情報に手軽にアクセスできるようになっている現在，空間データを整理し活用できる GIS を利用するメリットは大きい．こうした状況の中，国や地方公共団体は，地理空間情報高度活用社会の実現や統合型 GIS の推進を目指すなど，GIS の利活用に対する取組みを強化している．

本章では，公共政策における GIS の活用に関して，政策プロセスにおける GIS の活用（13.2 節），政策分野における GIS の活用（13.3 節），地方公共団体における GIS の活用（13.4 節），そして GIS を活用するメリットと課題（13.5 節）について解説する．

13.2 政策プロセスと GIS

公共政策のプロセスは，以下の各段階に分けることができる．
- 課題設定：具体的に解決すべき公共的問題を政策課題として設定する
- 政策立案：設定した課題を解決するための施策および計画を起案する
- 政策形成：立案した組織における関係者間の合意形成をしながら政策案を作成する
- 政策決定：形成した政策の執行を決定する
- 政策実施：決定された政策を執行する
- 政策評価：実施した政策の効果をはかり，次回の政策立案に生かす

地理空間情報（空間データと同義語）を作成・管理・統合・操作・分析・表示できる GIS は，こうした公共政策の各段階においてきわめて有用なツールとなる．たとえば，課題設定における状況把握，政策立案における状況分析，政策形成と政策決定における意思決定支援，政策実施における情報公開，政策評価における空間的定量評価などに大きく役立つ．

地震対策を例に GIS の有用性を説明しよう．地震発生時の応急対策や復旧・復興対策においては，倒壊しやすい地盤や建物の分布，延焼しやすい木造建築の密集地域，避難施設の場所，一人暮らし高齢者の住居など，「場所」に関連した多くの情報が必要となる．従来，こうした情報は紙媒体の地図や台帳として保管

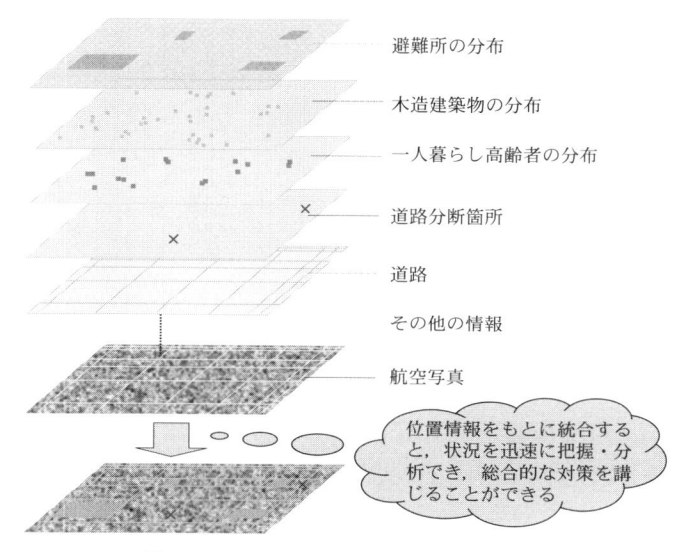

図 13.1 GIS を用いた空間データの重ね合わせ

されており,「情報の関連性」を理解することはきわめて困難であった.しかしGISを用いれば,位置情報をもとに情報を重ね合わせて「情報の関連性」を把握・分析でき,総合的な対策を講じることができる(図 13.1).たとえば,基盤的な地図情報に被災地の情報を重ね合わせて速やかに被災地の状況や被害規模を把握したり,災害対策に求められる各種の分析を行い,より確実な情報に基づいた緊急輸送,救助・医療,避難,ボランティアなどの応急対策や復旧・復興対策を立案したりできる.また,GIS は地理空間情報を効率的に整理・集約・共有・提供できるため,政策の形成・決定過程における総合的な意思決定を支援したり,政策の実施過程における情報公開を行ったりするうえでも有用である.さらに,各種の応急対策,復旧・復興対策の効果の程度や範囲を定量的・空間的にわかりやすく評価でき,その後の震災対策の充実化に役立つ.

日本政府による本格的な GIS の普及と活用は,1995 年 1 月 17 日に発生した阪神・淡路大震災が契機となっている.阪神・淡路大震災では,応急対策や復旧・復興対策を講じる際に不可欠な大縮尺地図や交通ネットワークなどの情報を十分に共有して利用できず,速やかに被害状況を把握したり救援活動を支援したりすることができなかった.こうした状況を受けて,同年 9 月に「地理情報システム

(GIS) 関係省庁連絡会議」が設置され，政府による GIS の整備と相互利用の環境づくりがスタートした．その後も，「国土空間データ基盤の整備及び GIS の普及の促進に関する長期計画」の決定（1996年），「国土空間データ基盤標準及び整備計画」の決定（1999年），「GIS アクションプログラム 2002-2005」の決定（2002年），「測位・地理情報システム等推進会議」の設置（2005年），「GIS アクションプログラム 2010」の決定（2007年）など，GIS の整備と普及に政府は積極的に取り組んできた．

防災分野では，内閣府を管轄機関とする GIS を活用した地震防災情報システム（Disaster Information Systems：DIS）の整備が進められており，2004年10月23日に発生した新潟県中越地震では，実際に，地震発生直後の被災状況の推計や関係機関の初動体制の立ち上げなどの判断材料として活用された．また，GIS 上に被災状況の情報を集約して情報を提供・共有するなどといった試みも，防災における先駆的な GIS の活用事例である．こうした防災分野に限らず，現在では広範な政策分野で GIS が積極的に活用されるようになってきている．

13.3　政策分野と GIS

公共政策は公共的な政策の総称であり，その中には安全保障，医療，環境，教育，経済，社会，農業など多岐にわたる政策分野が含まれる．GIS は公共政策の各分野において利用されるようになってきているが，個々の政策はそれぞれ固有の課題に対応しており，GIS の利用形態はさまざまである．

少しイメージをつかむために，まず，政策研究における GIS の利用状況をみてみよう．図 13.2 は，主要国際学術誌の文献データベースである Web of Science を利用して，政策（policy）と GIS の両方をトピックに含む文献の数，およびそれらの文献が引用された回数の推移をグラフにしたものである．GIS を利用した政策研究の数は年々増加しており，近年，その増加傾向が著しいことがわかる．また，GIS を利用した政策研究を引用する回数も急増しており，GIS を利用した政策研究に対する関心が高まっていることがわかる．図 13.3 は，政策と GIS の両方をトピックに含む文献が扱った上位 30 主題をリストとして示したものである．環境，地理，生態の分野を扱うものが相対的に多いが，その他にも，水資源，工学，都市，経済など，非常に幅広い政策分野で GIS が利用され

13.3 政策分野と GIS　　　171

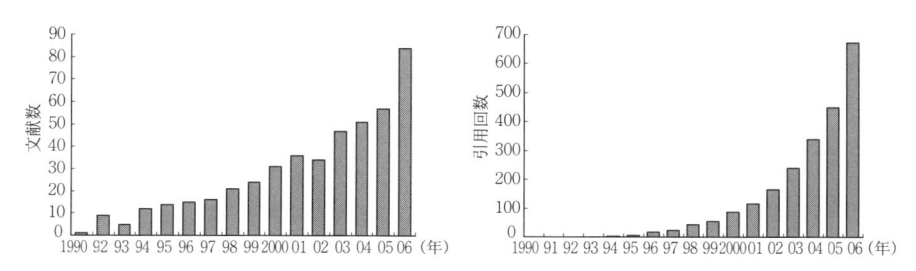

図 13.2 GIS を用いた政策研究の文献数と文献の引用回数（出典：Web of Science，2007 年 4 月 5 日現在）

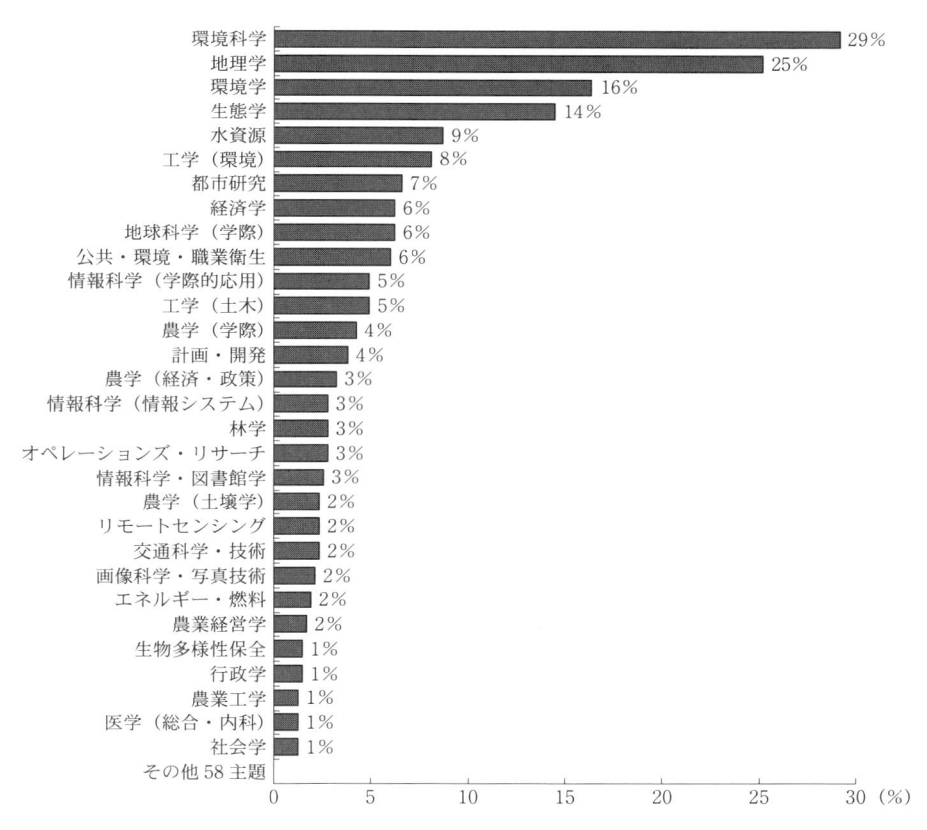

主題	割合
環境科学	29%
地理学	25%
環境学	16%
生態学	14%
水資源	9%
工学（環境）	8%
都市研究	7%
経済学	6%
地球科学（学際）	6%
公共・環境・職業衛生	6%
情報科学（学際的応用）	5%
工学（土木）	5%
農学（学際）	4%
計画・開発	4%
農学（経済・政策）	3%
情報科学（情報システム）	3%
林学	3%
オペレーションズ・リサーチ	3%
情報科学・図書館学	3%
農学（土壌学）	2%
リモートセンシング	2%
交通科学・技術	2%
画像科学・写真技術	2%
エネルギー・燃料	2%
農業経営学	2%
生物多様性保全	1%
行政学	1%
農業工学	1%
医学（総合・内科）	1%
社会学	1%
その他 58 主題	

図 13.3 GIS を用いた政策研究が扱う上位 30 主題（件数順，複数回答）（出典：Web of Science，2007 年 4 月 5 日現在）
主題名は Web of Science の主題分類（subject categories）に対応している．1 つの文献が複数の主題を扱うこともある．

表 13.1 地方公共団体における政策分野別の GIS 活用例

分 野 例	事 業 例	GIS の活用例
固定資産分野	課税評価・計画	固定資産の情報管理
		画地認定・現地調査
都市計画分野	土地利用計画	土地利用図の作成・更新
	都市成長管理計画	都市計画情報の伝達
道路分野	道路建設計画	渋滞箇所の視覚化
	道路整備・管理計画	交差点・交通安全施設の最適配置
上下水道分野	安定給水	送配水管ネットワークデータの管理
	浸水対策	水道管破損箇所の特定
農業分野	農業農村整備	傾斜度，農道整備状況などの農業情報配信
	営農管理	土壌情報，堆肥投入量などの管理・分析
防災・消防分野	震災対策	災害時計画図の作成
	広域避難所計画	緊急通報時の現場への最適ルート検索
建築指導分野	建築安全対策	建築属性データの更新・管理
	建築確認制度	建築確認情報システムの構築
河川分野	河川整備計画	河川基幹データの整備
	海岸保全計画	洪水ハザードマップの作成
公園・緑地分野	緑地公園整備	公園面積の算出
	緑地保全計画	緑地環境のモニタリングと評価
医療・福祉分野	感染症対策	感染症伝播経路の分析
	福祉施設整備	バリアフリーマップの作成
商工振興分野	商業振興計画	商圏分析
	中心市街地活性化政策	時系列商店数の地図化
教育分野	地域教育推進政策	学内外共有空間データの整備
	情報教育推進政策	教育用 WebGIS の提供

ている．このことからも，GIS はきわめて汎用的で応用可能性の高いシステムであることが理解できる．

次に，地方公共団体における政策分野別の GIS の活用例をみてみよう（表 13.1）．固定資産，都市計画，道路，上下水道など，従来から地図の利用を前提としてきた分野だけでなく，医療・福祉や教育といった分野においても，いろいろな形で GIS が活用されることがわかる．地方公共団体における GIS の導入状況と統合型 GIS については次節で詳しく説明する．

13.4 地方公共団体における GIS の活用

地方公共団体は，地域住民の福祉の増進をはかるために大量のデータを保有しており，その多くが地理空間情報であることが報告されている[2]．こうした地理空間情報を効果的・効率的に利用することができれば，地方公共団体の行政効率は大幅に向上する．図 13.4 が示すように，近年，GIS を導入する地方公共団体が急速に増えている．GIS を導入している地方公共団体の割合は，2000 年度から 2006 年度にかけて，都道府県レベルでは 68% から 100% へ，市町村レベルでは 16% から 54% へと増加した．これは，現在ではすべての都道府県が GIS を利用しており，また市町村においても過半数が GIS を導入済みであることを意味する．さらに，GIS を導入している地方公共団体においては，部局を越えた政策判断に GIS を活用しているところが都道府県，市町村ともに 3 割を超えている[3]．

地方公共団体における GIS 普及の推進役を担っているのが「統合型 GIS」と呼ばれるシステムである．統合型 GIS とは，地方公共団体が保有する地理空間情報の中で，道路，建物，街区，河川などの複数の部局が利用するデータを「共用空間データ」として整備・管理し，庁内横断的に活用するシステムのことである[5]．図 13.5 に統合型 GIS における共有空間データベースの利用イメージを示す．

統合型 GIS を導入すると，データの重複整備が防止できたり，各部署の情報

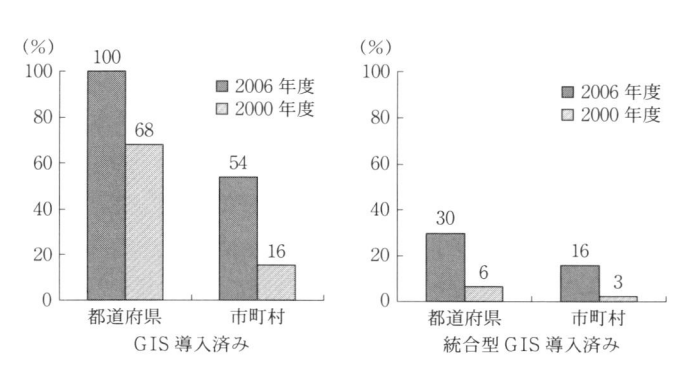

図 13.4 地方公共団体における GIS と統合型 GIS の導入状況（出典：統合型 GIS ポータル：自治体の導入状況)[4]

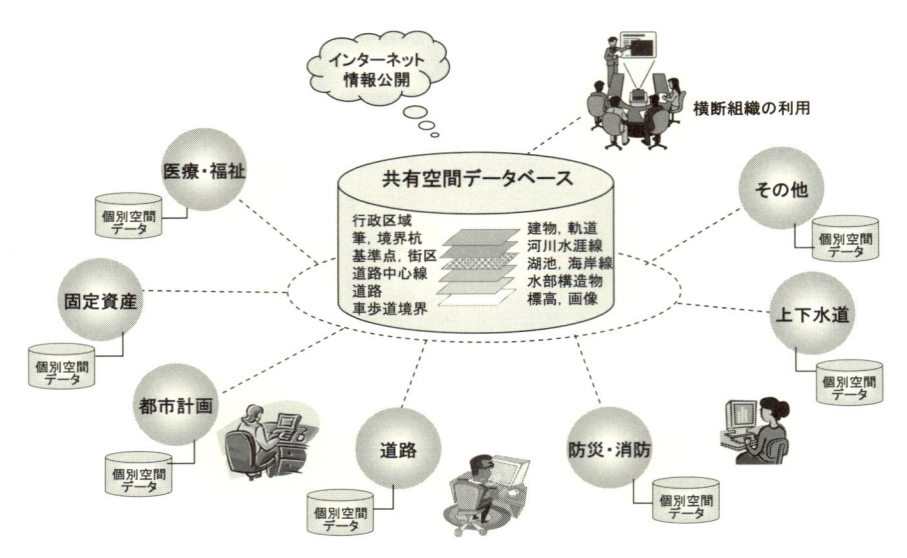

図 13.5 統合型 GIS における共用空間データの利用

交換が迅速になったり，速やかな政策判断が可能になるなど，政策マネージメントの効率が大きく向上する．たとえば大阪府豊中市では，統合型 GIS を導入することにより地図の重複整備が低減され，個別にデータを整備していた場合に比べて整備コストが 10 分の 1 に軽減された[6]．神奈川県横須賀市では，特定部署が統合型 GIS に参画する条件として，おのおのの作成する個別データを庁内で共有するというルールを定めた結果，データ検索時間の短縮，データ集計・解析の迅速化・高度化，庁内の縦割り組織の変化など，行政効率が大幅に改善されている[6]．また岐阜県では，県と県内市町村とが共同して「県域統合型 GIS」を構築している．県の森林基本図や道路台帳附図，市町村の都市計画基本図などを統合した岐阜県共有空間データを整備しており，広域的な情報共有と情報利用の効率化・高度化に取り組んでいる．

統合型 GIS により，地方公共団体における情報公開や情報交流も活発になってきている．大阪府豊中市の地図情報提供サービス「とよなかわがまち」では，公共施設マップ，健康診査医療機関マップ，介護マップ，防災マップ，リサイクルマップなどの基本図にさまざまな行政情報を付加した地図がインターネット上で提供されている．千葉県浦安市が提供している双方型 WebGIS の JAM（Joint

Active Map）では，地図に書かれた行政情報が公開されており，利用者がみずから地図を作成し，公開・提供できるようになっている．神奈川県藤沢市の「みんなで育てるふじさわ電緑マップ」では，藤沢市都市計画基本図上にバリアフリー情報や商店街情報を利用者が登録し公開している．三重県では，簡易携帯型 GIS（M-GIS）が無償公開されている．M-GIS は，ユーザ間で登録情報を交換することが可能であり，台帳管理や調査資料作成などの業務分野，および「ヒヤリマップ」，「防災マップ」，「水質研究」などの総合学習をサポートする教育分野など，幅広く利用されている．

総務省は，2004 年度に統合型 GIS の整備に対する普通交付税を創設して統合型 GIS の普及を支援している．図 13.4 に示すように，統合型 GIS を導入している地方公共団体の割合は，2000 年度の都道府県 6％，市町村 3％ から，2006 年度の都道府県 30％，市町村 16％ へと増えており，統合型 GIS の活用が広がっている．統合型 GIS を導入している地方公共団体において，その利用対象となる上位 5 業務をみてみると，都道府県レベルでは農林，河川，都市計画，環境，道路となっており，市町村レベルでは固定資産税，道路，都市計画，地籍，農林となっている[3]．

13.5　GIS 活用のメリットと課題

GIS は，公共政策の広範な分野において，プロセスの効率化，迅速化，確実化，高度化など多くの効果をもたらす．ここではまず，GIS の活用によるこれらの効果を，地図に関するメリット，政策分析に関するメリット，情報整理・管理に関するメリット，空間データ基盤の整備と共有化に関するメリットの大きく 4 つにまとめて紹介する．ただし GIS を活用するメリットは，それぞれが独立したものではなく相互に密接に関わっているものが多い．引き続き，GIS を活用するうえでの課題についても考察する．

a.　地図に関するメリット

GIS の基本的な機能は，地理空間情報を作成，操作，編集，視覚化できることである．こうした機能は，従来の紙媒体の地図を使用する方法ではたいへんな労力と時間がかかる業務を飛躍的に効率化する．すなわち従来は，地域ごとに紙地図を作成し，それぞれをつなぎあわせて検討したり，手作業で拡大・縮小コピー

をしたり，紙地図に直接記入して情報を追加・修正したりしていた．しかし GIS と電子化された地図を用いると，コンピュータの画面上で地図を移動できるためスペースが少なくてすみ，またコンピュータの画面上で地図を拡大・縮小でき，さまざまな縮尺で印刷することもできる．GIS のこうした単純な機能だけでも作業効率が格段に向上するが，地図の作成や更新といった作業も，GIS の編集機能（図形の回転，ラインの切断・接合，投影変換など）を使って正確かつ迅速に行える．また紙地図と異なり，度重なる使用や更新による摩耗や破損のおそれもなく，保管スペースも節約できる．

地図は多くの情報を第三者にわかりやすく効果的に伝達できる媒体である．さらに GIS を活用すれば，地理空間情報を視覚的・統計的に表現する地図を容易に作成できる．特定の主題に関する情報を表現する地図は主題地図と呼ばれ，たとえば，地形分類，土地利用，ハザードマップなどがあげられる．こうした主題地図は公共政策においてきわめて有用な情報である．GIS の大きな魅力は，道路や建物といった基盤的な地図だけでなくこうした主題地図も柔軟に作成することができ，公共政策のプロセスの各段階で貴重な情報を提供できる点にある．

b. 政策分析に関するメリット

GIS は，大量の地理空間情報をもつ地図を統合して分析できるため，従来の紙媒体の地図では不可能あるいは非常に困難であった定量的な空間分析を可能にする．紙地図上では，距離や面積といった単純な計算だけでも容易ではない．GIS を使うと，距離や面積をすばやく計測できるだけでなく，ラスタ分析，距離分析，密度分析，ネットワーク分析，ホットスポット分析などの高度な空間分析を行うこともできる．こうした GIS の機能は，強力な政策分析ツールとして活用できる．

Dunn[7] は，政策分析のプロセスを図 13.6 のように表している．ここでは，政策問題，期待される政策効果，優先政策，実際の政策効果，政策パフォーマンスの5つの政策情報（四角で囲まれた部分）を形成・変化する方法として，モニタリング，予測，評価，提案，問題構造化の5つの手段（丸で囲まれた部分）が入っている．対象となる政策が地理空間に関わる場合に，GIS はこうした政策分析の流れの中の5つの手段の支援ツールとして有用である．たとえば Calkins[8] は，都市成長管理計画を例にあげて，政策決定者が地域社会の成長を思い浮かべることができるように将来の都市発展形態を計画・表示したり，代替案を作成・

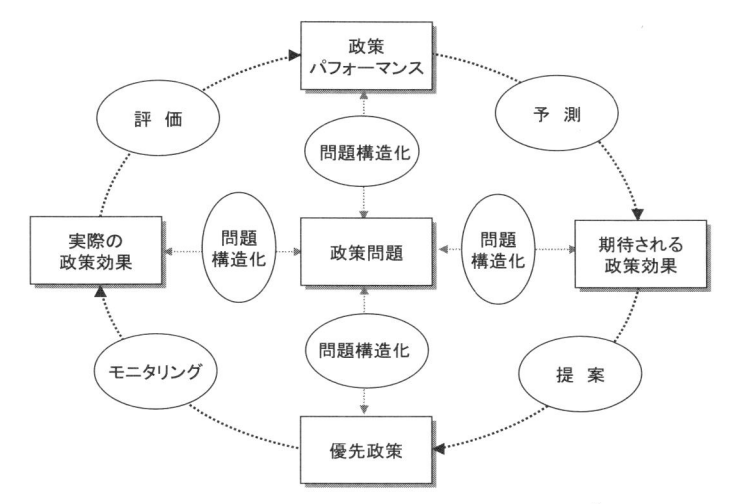

図 13.6 総合的な政策分析のプロセス (Dunn, 2004)[7]

検証したり，計画の実施から生じる地域社会の変化をモニタリングしたりすることに，GISを利用できると説明している．

c. 情報整理・管理に関するメリット

GISは，位置情報を軸として異なるデータを統合したり，空間条件や属性条件に基づいてデータを検索・抽出したりできるため，公共政策に重要な地理空間情報を効率的に整理・管理できる．実際に，整理・管理された道路，河川，地形，地質，土地利用といった社会基盤状況を表す空間データは，国土計画や環境計画など，国土の整備や利用に関する政策に積極的に利用されるようになってきている．また，歴史的な地図データや，時系列に整理・管理された空間データは，政策のモニタリングや政策評価などにおいても利用価値が高い．

d. 空間データ基盤の整備・共有化に関するメリット

ばらばらの場所に保管された紙地図を利用することは必ずしも容易ではない．空間データの整備には費用がかかるが，いったん基盤的な空間データを共有できるように整備すると，資料収集や照会などの労力を大幅に軽減でき，長期的には費用の削減と生産性の向上が見込める．具体的なメリットとして，次の3つがあげられる．第1のメリットとして，データへのアクセスとデータの品質が向上する．効果的な政策を策定するためには，適宜，正確なデータにアクセスできるこ

とが重要である．空間データを一元的に管理し，定期的に更新する共有空間データ基盤があれば，利用者は場所や時間にとらわれることなく最新のデータにアクセスでき，またすべての利用者が同じデータを確実に使うことができる．共有空間データ基盤の情報は広く参照・利用されるようになり，その結果，利用されるデータの重要度は増し，品質を向上させようとするインセンティブも発生する．

第2のメリットとして，データ管理の費用を削減できる．複数の空間データを使用する際には，しばしば背景地図が互いに異なることや位置がずれていることなどの齟齬があるため，データ修正に多大な費用がかかる．共通の基盤地図を用いてデータを作成・更新すれば，データ間の位置の整合性がはかられ，データ管理の費用を削減できる．

第3のメリットとして，組織の協調・連携が推進される．公共政策のプロセスにおいては，異なる主体間の調整が必要である．共有できる空間データ基盤があると，問題の所在や傾向に対する共通の認識が高まり，政策プロセスが効率化する．また，共有空間データ基盤それ自体の整備にも主体間の調整が必要であり，共有空間データ基盤を構築する過程においても組織の協調・連携が強まることが期待できる．

e．GIS活用の課題

GISはさまざまなメリットをもたらすが，その一方で，GISを活用するうえでの課題がいくつかある．1つは，費用の問題である．GISやデータ利用環境の整備には費用がかかる．GISの活用を検討しつつも導入していない地方公共団体では，GISを導入・運営するための費用が障害となっていることが多い．GISを導入する際には，費用対効果の検討や予算の確保を行う必要がある．また，基盤的な空間データの整備もGISを活用するうえでの課題となっている．多くの人々に頻繁に参照される基盤的な地図情報は，いまだ十分に整備されているとはいえない．複数の空間データ間の位置ずれなどの齟齬を避けるためにも，さまざまな情報を電子地図上の正確な位置に対応づけるための基準となる空間データを整備し，相互活用していける環境整備が切に求められている．

あわせて，空間データの提供・流通の発展の環境づくりも課題である．基盤的な空間データのみならず，ハザードマップや土地利用などの主題図データ，空中写真，衛星画像などを広く参照・利用できるような情報提供の環境づくりが求められている．たとえば，政府や地方公共団体が保有する基盤的な空間データを，

インターネットを介してワンストップで提供するサービスや，クリアリングハウスを充実させることが必要である．さらにGISを活用できる人材の育成も重要な課題である．近年，地理情報システム学会においてGIS資格認定協会（GISCA）が発足したり，GIS教育の研究が活発になるなど人材育成に対する取組みが進んでいるが，GISを体系的に教えるシステムやカリキュラムはまだまだ少ない．単にGISを扱えるだけでなく，高度な地理空間情報を活用でき，多様な公共の価値観を総合的に比較検討できるような人材を育成・活用していく必要がある．

　GISは，公共政策のさまざまな局面において積極的に活用されるようになってきている．多種多様なデータを必要とする公共政策のプロセスにおいて，位置情報をもとに情報を整理し活用できるGISはきわめて有用なシステムである．近年は，ブロードバンドインターネットの普及，コンピュータや携帯電話の技術進歩や低廉化に伴い，GISを手軽にかつ高度に活用できる環境が十分に整ってきている．同時に，災害時の応急・復旧対策の例にみられるように，多くの地理空間情報を統合して利用することへの社会的需要が拡大している．

　公共政策においてGISが十分に利活用可能となるためには，GISの基盤となる共有空間データの整備と相互利用の促進が不可欠である．また，GISと地理空間情報の利用環境を有効に使いこなす人材の育成と人的資源の活用も重要である．こうした状況の中，国や地方公共団体は，「GISアクションプログラム2010」や「統合型GIS」を推進するなど，GISや基盤地図情報の整備・相互活用の取組みを強化している．一方で，GISのカリキュラムや資格認定制度が充実してきており，GISの人材育成も進んでいる．今後，公共政策においてGISがますます利活用されることが期待される．

[河端瑞貴]

引 用 文 献

1) Birkland, T. A. (2005): *An Introduction to the Policy Process : Theories, Concepts, and Models of Public Policy Making*, second edition, M. E. Sharpe.
2) Bromley, R. D. F. and Coulson, M. G. (1989): The value of corporate GIS to local authorities : Evidence of a needs study in Swansea City Council. *Mapping Awareness*, **3**(5): 32-35.
3) 元岡　透 (2007)：地方公共団体における統合型GISの推進について．第1回空間情報社会シンポジウム発表資料．
4) 統合型GISポータル：自治体の導入状況．http://www.gisportal.jp/case/
5) 統合型GISポータル：統合型GIS一般知識．http://www.gisportal.jp/tgis/general.html
6) 総務省自治行政局「統合型GIS事例集」．http://www.gisportal.jp/doc/pdf/00.pdf

7) Dunn, W. N. (2004) : *Public Policy Analysis : An Introduction*, third edition, Prentice Hall.
8) Calkins, H. W. (1991) : GIS and public policy. *Geographic Information Systems Vol. 2 : Applications* (D. J. Maguire *et al.* eds.), pp. 233-245, Longman.

14 GISの費用効果分析と費用便益分析

14.1 費用効果分析，費用便益分析の必要性

　初期費用や維持管理費用が高額であることが，地理情報システム（GIS）の普及の障害になっているといわれている．特に，国や地方公共団体がGISを新たに導入しようとすれば，空間データの整備費用をあわせて，少なくとも数百万〜数千万円の費用を要する．多方面にGISが有用であることには理解が進みつつあるものの，その費用を超える効果があることを財政担当部署や住民に説明し，理解を得ることは今もって容易なことではない．

　GISに限らず，あらゆる事業に関する説明責任が国や地方公共団体において増大している．住民意識の向上，住民が量的充足から質的充足を求めるようになってきたこと，住民ニーズの多様化，地方公共団体の財政事情の悪化などが，その背景としてあげられている．さらには「行政機関が行う政策の評価に関する法律（行政機関政策評価法）」が2001年に施行され，一定の条件を満たす政策について内閣府や各省などはその政策効果を把握し，必要性，効率性または有効性などの観点から評価した結果を当該政策に適切に反映させなければならないこととなった（同法第3条）．このような状況にあって，GISの費用と効果を比べたいという要求はますます強くなっている．その説明責任を果たすことができなければ，GISの導入も維持も困難である．

　効果や便益を見積もることと比べて，費用を見積もることは一般に容易である．費用に関しては業者に見積もりを依頼すればよい．あるいは積算基準が作成されている測量業務などでは，それを用いれば測量費用を概算することができる．一方，GISの対象となる業務，利用者の数，利用者の選好などが多様である

ため、効果や便益の算定に関しては定式化が難しい。このため、効果や便益を評価することができず、費用の面ばかりが目立ってしまうことになりがちである。そこで本章では、事例を交えて、効果や便益の分析手法を中心に解説する。

14.2 費用効果分析と費用便益分析

ある方法の費用と別の方法の費用を比較することを目的とした分析を、費用効果分析という。たとえば、市町村道として認定または指定している道路を管理するため、道路台帳平面図を作成することを考えよう。市町村は道路台帳を備えなければならないと法定されているから（道路法第28条）、道路台帳を作成するべきか否かという議論は生じ得ない。ポリエステルフィルムに印刷された平面図と空間データとのどちらが、管理費用も含めた総合的な費用が安いのかということのみが問題であるとしよう。このようにそれぞれの方法の費用を比較するのが費用効果分析である。便益を問題にする必要がないとき、便益の程度がはっきりしているとき、または便益の貨幣評価が困難なときに、最小の費用の方法を選択するために費用効果分析が用いられる。

これに対して、便益を貨幣評価する分析を費用便益分析という。たとえば、市民がある文化遺産の存在を知ったときの便益から、そのための費用を差し引き、純便益を計算する。またたとえば、市民が道路情報をGISで得られるときの便益から、そのための費用を差し引き、純便益を計算する。費用便益分析では、国や地方公共団体などが実施する多様な政策の比較を行うことが可能である。

前述のように、一般には便益の評価よりも費用を想定することの方が容易であるため、費用便益分析の事例よりも費用効果分析の事例の方がはるかに多い。

14.3 費用効果分析

14.3.1 空間データの共用の有無を比較した費用効果分析の事例

GISの費用効果分析の事例を紹介しよう。総務省では、1998〜2003年度に一連の統合型GISに関する調査研究を行っている。この調査研究では、地方公共団体の多くの部署が使う汎用性の高い空間データを「共用空間データ」として一元的に整備・管理し、庁内で横断的に共同利用する仕組みをつくることが目指さ

れた．1999年度に策定された品質基準に基づき共用空間データベースを整備・導入し，個別業務に適用する場合の費用の算定が2000年度のモデル実証実験で行われている．

　対象地域，受託企業の人件費などの単価，実勢価格の変動価格などに影響されないよう，工数（人工）によって費用が算定されている．1人日＝7.5時間換算とし，10 km^{2}当たりの工数に換算されている．岐阜市において新規に空間データを整備することを想定して，都市計画業務，固定資産税業務，道路管理業務に必要な空間データを全く別々に整備する場合と，共用できる部分は共用して，共用することができない個別部分のみを別々に整備する場合とに分けて，工数を算定した（表14.1）．その結果，各業務に必要な空間データを全く別々に整備する場合には，都市計画業務の空間データの整備に344.42人日，固定資産税業務のそれに495.93人日，道路管理業務のそれに622.62人日を要し，計1,462.97人日を要すると想定された．一方，共用することができる部分を共用する場合には，共用空間データの整備に472.01人日，都市計画業務の個別データの整備に42.33人日，固定資産税業務のそれに116.91人日，道路管理業務のそれに408.33人日を要し，計1,039.58人日を要すると想定された．これらの結果により，共用空間データを活用して重複をなくす場合の方が，3つの業務で全く別々に整備した場合より，約30％ほど工数を削減できると結論されている．

　空間データの重複を避けずに全く別々に整備するよりも，共用できる部分は共用した方が，空間データの整備費用が安いことはこの実験でわかった．しかし，1,000人日を超える費用をかけても，空間データによって余りある便益が得られるかどうかはこの分析結果ではわからない．「これほど多額の費用をかけるだけの意義があるのか」という質問には答えられないのである．このような質問に答

表14.1　岐阜市を想定した空間データ整備の工数（人日）
（総務省自治行政局地域情報政策室，2001）[1]

	共用空間データを活用する場合		単独整備する場合
	共用部分	個別データ化部分	
都市計画業務	472.01	42.33	344.42
固定資産業務		116.91	495.93
道路管理業務		408.33	622.62
計	1,039.58		1,462.97

えるためには，空間データがもたらす便益を評価する必要がある．

14.3.2　電灯管理システムに関する費用効果分析の事例

　空間データを整備するための2つの方法の費用を比較するのではなく，空間データを整備する場合の費用と整備しない場合の費用を比較することも考えられる．2001年度の総務省の統合型GISの実証実験では，このような手法によるいくつかの費用効果分析がなされている．そのうち，以下では電灯管理システムに関する費用効果分析を，次項では環境資源の発見に関する費用効果分析の事例を紹介しよう[2]．

　都道府県や市区町村などの道路管理者が管理している街路灯，自治会が管理している防犯灯，商店会が管理している商店会灯の区別がつかないまま，電灯の球切れを市区町村の役所に通報する人は多い．千葉県市川市では，各管理主体が作成した紙地図により各種類の電灯の位置を把握してきた．通報された電灯の管理者などをつきとめるときには，それぞれの紙地図と通報された位置とを順次照合する．通報を受けた主体がその電灯の管理主体でなかったときは，管理主体に問い合わせるように通報を受けた主体は通報者に依頼していた．このため，「たらい回し」にされたような印象を受けて，気分を害する通報者も少なくなかった．この実証実験では，これらの電灯をすべて空間データにした．通報された電灯の位置やその管理者などをGISによって調べ，最初に通報を受けた主体がその電灯の管理主体に連絡することにした．

　住居表示が実施されている地域で球切れなどの通報があったとき，紙地図からその電灯を調べるのに1件当たり4分を要していた．住居表示が未実施の地域では，それに15分を要していた．GISで調べるようにしたことで，住居表示が実施されている地域ではそれに1分，住居表示が未実施の地域ではそれに2分を要するのみとなった．市川市では，住居表示実施地域では年間約440件，未実施地域では年間約20件の通報があるので，電灯の位置や管理者などを調べる時間が年間計1,580分節約されることになった．このほか，GISに移行することで，新規に設置された電灯の位置をデータに追加する時間が年間1,040分，電灯の管理主体への連絡票の作成時間が年間560分，通報した住民の待ち時間が年間1,700分減少すると推計された．

　この報告書の算定対象は時間のみである．削減される人件費や空間データの整

備費用まではこの報告書は検討していない．GIS を導入する予算を請求したり，住民に説明したりする場合には，これらの費用の金額を推計すべきである．多くの地方公共団体で算出している職員の平均給与額を用いれば，削減される人件費の推計は容易である．

なお，数年にわたって GIS を構築したり，将来の維持管理費用を含めて検討する必要があったり，将来にわたって効果が発現したりする場合には，割引率を適用して 2 年目以降の費用や便益を現在価値に換算するとよい[3]．

減少した住民の待ち時間を貨幣評価するためには，国民所得（または都道府県民所得）を国民（または当該都道府県民）の平均実労働時間で除した時間価値を用いるのがよいであろう．ただしこの場合には，もし通報者が通報しなかったならば，その時間に通報者は労働して所得を生み出していたであろうことを前提としていることに留意が必要である．現実には，高齢者や専業主婦など時間価値の少ない人からの通報が多いという事情があるかもしれないからである．

14.3.3　環境資源の発見に関する費用効果分析

2001 年度の総務省の統合型 GIS の実証実験の結果の中から，環境資源の発見に関する費用効果分析の事例を紹介しよう[2]．地域住民が見落としがちな地域の環境資源を地域住民と外部の人が一体となって発見し，地域住民にその豊かさを再認識してもらうことを目的とする環境地元学活動が岩手県で行われている．この活動において，次の費用が推計されている．

準備およびフィールドワークの実施場所の選定について，紙地図を用いる場合の 1 地域当たりの業務量は 1.6 時間であった．これに対して，共用空間データを利用した場合の 1 地域当たりの業務量は 0.4 時間であった．

資源データ収集活動において発見した資源データを紙地図に記入するとともに写真を貼りつけるのに，1 件当たり 1.5 分を要した．共用空間データを利用した PDA（携帯端末）とデジタルカメラを用いると，1 件当たり 2.5 分を要した．

資源データを発見した地点を集落点検マップや集落点検票にまとめるのに，紙地図に編集する場合には，1 地域当たり 1.5 時間を要した．一方，PDA（携帯端末）とデジタルカメラで収集した情報と共用空間データを利用してそれらを自動作成する場合には，1 地域当たり 6 分を要した．

縮尺 1/25,000 の白地図に田畑や川の色を塗り，環境資源を記した地域マップ

を作成するのに，1地域当たり3.5日を要していた．一方，PDA（携帯端末）とデジタルカメラで収集した情報や共用空間データをWebGISにインポートして地域マップにするのは3分であった．

以上の結果から，PDA（携帯端末）とデジタルカメラを用いて現地で資源データを記録するには少々の時間を要するものの，GISで集落点検マップなどに編集し，WebGISで公開する労力は紙地図のときの労力よりも少ないと結論されている．

紙地図にまとめて配布することと，WebGISによってインターネット上で公開しておくこととでは，効果が同じであると仮定されている．また，資源データを収集し，整理する人の労力の削減こそが効果であって，地域マップを閲覧した地域住民らが環境資源を再認識することは定性的な効果にすぎないとされている．しかし，この活動の本来の目的は，より多くの地域住民らに環境資源を再認識してもらい，その情報を共有することであったはずである．活動の本来の目的の便益を評価せず，ただデータ収集の労力という側面のみを評価したにすぎないことには留意が必要である．

14.4 費用便益分析

14.4.1 価値の種類

データ整備の費用に関する分析が多いためか，測量技術面での効率性から，空間データの整備の優先順位が決められがちである．しかし，優先順位の決定の際には，各種の行政上の問題の緊急性や重要性，費用効果，住民の意向なども考慮されるべきである．また前述のように，住民への情報提供や住民との共通認識の醸成を目的としたGIS応用システムの場合には，それを支援する地方公共団体の職員らの時間短縮効果よりも，住民側の便益を算出したい．そこで，ここからは便益の評価について述べる．

価値の種類には，直接利用価値，間接利用価値，オプション価値，遺贈価値，存在価値がある．環境や資源の自発的な利用により得られる価値を直接利用価値という．たとえば，最新の道路地図データを購入してカーナビに用いることにより得られる価値などがある．環境や資源を利用しないものの，間接的に利用することで得られる価値を間接利用価値という．道路を走行するわけではないが，そ

の道路景観の写真を楽しむことで得られる価値などがある．現在は使用しないが，将来に使用する可能性を残しておくという価値をオプション価値という．たとえば，現在は身体に故障がない人でも，将来の自分のためにバリアフリーマップに価値を感じることがある．自分自身のためではなく，将来の世代のために使用する可能性を残しておく価値を遺贈価値という．また，環境や資源を使用することがないにもかかわらず，その環境や資源が存在し続けることを選好することによって得られる価値を存在価値という．これらの価値をいかに貨幣評価するかが費用便益分析では重要である．

　GIS で提供される情報の多くは市場では取引されていないため，直接的な便益評価は困難である．そのため，空間情報の便益を評価した事例は少ない．そのわずかな事例を次に紹介することとしよう．

14.4.2　移動のための費用から便益を評価した事例

　地方公共団体の窓口への訪問回数，訪問者の事業所の位置，移動時間などについては，その調査に要する労力の大きさから全く統計がとられていない．特に，関係人のみでなくだれであっても閲覧することができる道路台帳に関しては（道路法第 28 条第 3 項），閲覧申請書もなく，訪問者に関する情報は地方公共団体においても皆無である．そこで，千葉県市川市の道路幅員や道路占用物の窓口照会業務を事例として，訪問者に対してアンケート調査を行い，総移動費用を算出した[4]．WebGIS によって，それらの情報提供が実現されたときには不要になるであろう地方公共団体の窓口への総移動費用を明らかにする．

　2001 年 8 月 27 日（月）〜31 日（金）の 5 日間に，市川市建設局道路管理課を訪問した人の全員を対象に，同課窓口において個別面接方式によるアンケート調査を行った．調査期間中の訪問回数などを表 14.2 に示す．調査期間中の総訪問回数は 315 回であった．このうちアンケートの回答を拒否された回数が 30 回あった．回答拒否者も同課窓口を訪問し，道路幅員などの照会をしたことは事実であるが，その訪問元の住所などを知ることができないため，分析対象外とする．したがって，分析に有効な総訪問回数は 285 回（90.5％）である．また調査期間中に複数回訪れた者があるため，総訪問回数 315 回に対して純訪問者数は 216 人である．

　業務のために訪問した人には事業所の住所の，個人として訪問した人には居宅

表 14.2 調査期間中の訪問回数

	訪問回数	純訪問回数
有効回答	285(90.5%)	187(86.6%)
回答拒否	30(9.5%)	29(13.4%)
計	315(100.0%)	216(100.0%)

の住所の町丁を質問した．各回答者 i がアンケートで回答した，市川市役所に到着するのに要した時間を回答所要時間 T_i とした．

各回答者の移動費用 C_i を，代表交通手段の種別により以下のように算出した．

代表交通手段が鉄道である場合には，回答所要時間 T_i を2倍して往復の所要時間とした．これに時間価値を乗じたものに往復鉄道運賃を加えて，移動費用 C_i とした．ここで，1997年の1人当たりの県民所得をその都県の同年の平均実労働時間で除したものを，その都県からの訪問者の時間価値とした．

代表交通手段が自動車または二輪車である回答者は，すべて市役所または近辺の公共施設の無料駐車場に駐車したと回答した．回答所要時間 T_i の2倍に前述の時間価値を乗じたものに，自動車などの往復のガソリン代と有料道路料金を加えて移動費用 C_i とした．

代表交通手段が自転車または徒歩である場合には，回答所要時間 T_i の2倍に前述の時間価値を乗じたものを移動費用 C_i とした．

アンケート調査を行った5日間の各訪問者の移動費用 C_i から市川市役所の年間業務日数（245日）の間の訪問者の総移動費用 TC を，各日数の比（245/5 = 49）を用いて次式により予測する．

$$T\hat{C} = 49 \sum_{i=1}^{n} C_i \qquad (1)$$

式(1)により予測した年間の総移動費用 TC を表14.3に示す．調査期間中の回答者全員に基づいて算出した総移動費用 TC は3,728万6,000円である．もし，訪問者が来庁の目的とした情報のすべてがWebGISで提供された場合には，訪問者の移動費用が最大でこの金額の分だけ減少すると予想される．一方，調査期間中に道路管理課のみを訪問した回答者に基づいて算出した総移動費用 TC は1,172万6,000円である．道路管理業務に関する情報のみがWebGISで提供された場合には，総移動費用の削減効果はこの金額にとどまると予想される．アン

表14.3 予測された年間総移動費用

	調査期間中の訪問回数	年間総移動費用 TC（千円）
道路管理課以外にも立ち寄った，または立ち寄る訪問者	207	25,560
道路管理課のみへの訪問者	78	11,726
計	285	37,286

ケートに有効な回答をした訪問者のみに基づいて推計された金額であることから，実際にはこの推計金額よりも多くの移動費用が支払われていると考えられる．

建設業や金融・保険業，不動産業，サービス業の従事者が訪問者のほとんどを占めていたことから，移動費用の多くが建築物の価格や融資の際の手数料，測量の請負金額などに転嫁されていると思われる．道路管理に関する情報がWebGISにより提供された場合に直接的な恩恵を受けるのはこれらの事業所であるが，建築物を建築しようとしている住民や土地などを担保に融資を受けようとしている住民，不動産取引をしようとしている住民にも間接的に効果が及ぶであろう．

数日間にわたってこのようなアンケート調査を行うには大きな労力を必要とする．そこで，アンケート調査によらずに訪問者の訪問回数と年間総移動費用 TC を予測することができる式をこの研究では導いている．詳細は大場[4]を参照していただきたい．

この分析手法と似ている分析手法に旅行費用法またはトラベルコスト法（travel cost method：TCM）がある．旅行費用を払ってでも訪れる価値があると考えて，観光地や文化財を人々は訪問している．旅行費用と環境の需要が補完財になっていることを仮定して，旅行費用から環境の価値を間接的に求めようとするのが旅行費用法である．目的地までの距離と利用者の利用回数，旅行費用から需要関数を推定し，消費者余剰を求める．

道路台帳を閲覧する人のほとんどは，みずからの業務の一環として市役所にきているのであって，市役所の需要と旅行費用とを補完財として比べてはいまい．この研究では，もしWebGISで情報が提供されたならば不要となるであろう移動費用をそのまま便益として計算したのであって，旅行費用法による分析を行ったのではない．

14.4.3 コンジョイント分析による便益評価の事例

近年,マーケティング分野において消費者の選択行動の分析や商品企画の手段として,コンジョイント分析が注目されている.コンジョイント分析とは,プロファイルと呼ばれる複数の属性から表現される選択肢の選好を回答者に問い,全体効用と各属性の部分効用を推定する方法である.属性の1つを金額などで表せば,他の属性(商品やサービスなど)の便益を評価することがコンジョイント分析では可能である.選好を回答者に表明させる表明選好法の1つであり,実際にはまだ提供されていない商品やサービスの選好をも評価することができる.以下では,製品プロファイルすべてについて好ましい順位を回答者につけさせるフルランキング型のコンジョイント分析のアンケートを行った事例を紹介しよう[5].

総務省のモデル地区実証実験の1つとして,3次元地理情報システムを応用した都市景観検討システムが千葉県市川市において開発された.都市景観に関する住民との協議に市川市はこのシステムを活用している.航空機からのレーザプロファイラにより作成された立体地図に,地上から撮影されたテクスチャーを貼りつけて,都市景観検討システムにおける3次元地図データは作成されている.また,開発されたシステムでは任意の速度で視点を移動して都市景観をみることができる.このほか,当システムは次の機能を備えている.

1) 街灯・舗装の景観検討機能: 8種類のデザインの街灯から任意の街灯を選び,任意の場所に配置することができる.同様に,10種類の舗装材料から任意の舗装材料を選び,道路上に敷くことができる.

2) 新築建築物の景観検討機能: 建築が計画されている建築物を任意の位置に表示することができる.

3) 放置自転車の景観検討機能: 指定した数の歩行者や放置自転車,花壇を任意の場所に配置することができる.

4) 都市計画決定内容の表示: 地上に都市計画道路の計画線を表示することができる.

2002年5月22日(水)に東京ビッグサイトで開催された自治体総合フェア2002の参加者と早稲田大学社会科学部の学生を被験者としたアンケート調査を行った.有効回答数は81票である.

直交配列表から導いた表14.4に示す8種類の製品プロファイルすべてについて好ましい順位を回答者につけさせた.都市景観検討システムを稼動することが

14.4 費用便益分析

表 14.4 回答者に提示した 8 種類の製品プロファイル

プロファイル番号	街灯・舗装の景観検討機能	新築建築物の景観検討機能	放置自転車の景観検討機能	基本機能を含めた値段
No. 1	なし	あり	なし	12,000 円
No. 2	なし	なし	あり	14,000 円
No. 3	なし	なし	なし	10,000 円
No. 4	あり	なし	あり	12,000 円
No. 5	あり	あり	あり	10,000 円
No. 6	あり	あり	なし	14,000 円
No. 7	あり	なし	なし	10,000 円
No. 8	なし	あり	あり	10,000 円

表 14.5 主たる職業別の各景観検討機能に対する支払意思額 (WTP)

追加購入する景観検討機能	民間会社の役員・社員	公務員・教員・公益団体社員	学生	計
街灯・舗装の景観検討機能	6,722 円	7,333 円	5,861 円	6,450 円
新築建築物の景観検討機能	8,810 円	7,906 円	7,393 円	8,032 円
放置自転車の景観検討機能	3,361 円	4,469 円	3,697 円	3,700 円

可能な性能を有するコンピュータを回答者が所有しているとは必ずしも思われないため，アンケート調査ではコンピュータのソフトウェアではなく，テレビゲーム機が販売されていると仮定した．まちの中を歩いたり空を飛んだりしながら任意の視点で立体的に都市景観をみることができる基本機能はどの製品にもあることとし，各景観検討機能の有無と値段の相違とによって 8 種類の製品プロファイルを構成した．表 14.4 に示す値段の相違からもわかるように，基本機能しかないテレビゲーム機の値段を 8,000 円に固定し，各景観検討機能の有無により 0 円, 2,000 円, 4,000 円または 6,000 円の値段の相違をつけた．こうすることによりテレビゲーム機との仮定にかかわらず，各景観検討機能を追加購入する部分の支払意思額（willingness to pay：WTP）を推測することができる．

推定した各景観検討機能の WTP を表 14.5 に示す．どの職業の回答者も新築建築物の景観検討機能に対する WTP が最も大きい．

新築建築物の景観検討機能を追加して，50 人の行政職員と住民が協議するとしよう．表 14.5 から新築建築物の景観検討機能を追加するための 1 人当たりの

WTPが8,000円であると仮定すれば，50人のWTPの和は40万円と予測される．

　業務の効率化や住民サービスの向上を謳ったGISの構築例は多い．しかし，その情報がどれだけ業務の改善に寄与したのかについてはあまり検証されていない．また，情報がどれだけ住民に届き，どのような評価がされているのかについてもほとんど検証されていない．今後，その効果の検証に関する研究が増え，業務効率化や情報公開に関して改善が進むことを期待したい．　　　　［大場　亨］

引用文献

1) 総務省自治行政局地域情報政策室（2001）：統合型GIS共用空間データベース及び広域活用のあり方に関する調査研究報告書：37-101．
2) 総務省自治行政局地域情報政策室（2002）：統合型GISの普及に向けた空間データ更新手法に関する実証実験報告書：377-654．
3) 伊多波良雄（1999）：これからの政策評価システム，pp. 48-53，中央経済社．
4) 大場　亨ほか（2002）：利用者の移動費用から見たWebGISによる情報提供の便益評価．GIS—理論と応用，10(1)：59-66．
5) 大場　亨（2002）：行政と住民との協働のための都市景観検討システムの便益評価．日本建築学会情報・システム・利用・技術シンポジウム論文集，25：241-246．

索　引

欧　文

A*アルゴリズム　101
ACORN　7
ALOS　52
ALOS オルソライト　51, 52
AM／FM　74, 129
ArcPad　48
ASP　16, 108
AVNIR-2　52
BASEIMAGE　51, 52
Bluetooth　49
CGIS　25
CIS　74
CRM　92
DGPS　50
DID　157
DM（デジタルマッピング）データ　141
DoCo です・Car　21
e-Japan 戦略　139
EEZ　65
EFH　57
EZ 助手席ナビ　108
FAO　65
Forest Wide Image　51, 52
FSP　92
GAM　70
GIS 技術資格認定局　179
GIS 教育　179
GIS の価格低減　3
GIS マーケティング　88
GLM　70
GMS　94
Google マップ　147
GPS　16, 37, 47, 105, 147

HSI　58
IC タグ　150
imaging GIS　50
IUU　60, 65
LANDSAT／TM　51
LIDAR　60
LogiSTAR　19
MAPPY　134
McGIS　155
MS-based　107
NAVITIME　107
PDA　48, 149, 186
POS　92
PRISM　52
public participation GIS　148
RQ　59
SAR　60
t 検定　62
TUMSY　2
UIS　1, 129
UIS Ⅱ　2, 129
VICS　20, 109
VMS　65, 68
WebGIS　45, 68, 141, 144, 150, 174

ア　行

アドレスマッチング　5, 142
アメニティ　96
アルゴリズム　100

意思決定　148, 150
意思決定支援機能　9
遺贈価値　186
位置情報　140

位置情報データ　103
一物多価　116
移動経路　149
移動費用　187
違法船　60
インストアマーチャンダイジング　92
インターネット　141, 147
インターネット通信販売　13
インドネシア農業開発リモートセンシング計画　26

影響圏　94
営業戦略支援 GIS　77
エベネザー・ハワード（Ebenezer Howard）　128

応急対策　169
岡山県土地改良事業連合会　28
オーバーレイ　69, 89
オプション価値　186
オルソ化　52
オルソ画像　29

カ　行

介護サービス　140
介護保険　140
外出活動　144
海底地形　61
かきこマップ　134
可視化　9
貨物追跡サービス　16
簡易調査　4
環境　144, 151
環境省大気汚染物質広域監視システム　122

間接部門の生産性　3
間接利用価値　186

基準地域メッシュ　156
ぎふ・ふぉれナビ　45
基本単位区　158
求車求荷システム　16
行政　1
共生　152
共用空間データ　173, 178, 182
漁業　55
漁業・資源管理　55
漁場予測技術　64
拠点分析システム　20
緊急保安業務支援システム　75
禁漁海域　66

空間検索　45
空間シミュレーション機能　10
空間数値解析　56
空間 t 検定　62
空間的自己相関　62
空間データ　167
空間データ基盤の整備・共有化　178
空間統計　62
空間内挿　63
空間分析　176
クリアリングハウス　179
クリギング　63
グリーンロジスティクス　16
車ルート　102
グローバリゼーション　79

計画支援・立案サポートツール　132
携帯情報端末　149
携帯電話　16, 103, 149
計量魚群探知機　61
経路探索　100
現在価値　185
検索機能　7

公益事業者　80
公共政策　167
広告料　111
耕作者　34
合成開口レーダ衛星　60

高齢化　165
高齢者　141, 150
国勢調査　4, 157
国連食糧農業機関　65
個人情報　141
コストパフォーマンス　31
固定資産税路線価　116, 118
コーディネーター　136
子ども・婦人比　163
コーホート　162
混獲管理　64
コンジョイント分析　190
コンタ推定　63
コンテンツサービス　107

サ　行

災害　142
災害復旧支援計画　137
最短ルート　101
作業管理　37
作業記録　35

ジオコーディング　5
ジオデモグラフィクス　6
市街地価格指数　116
時間価値　185
事業所・企業統計調査　5
時刻表　103
地震対策　168
地震動予測地図　134
施設管理台帳 GIS　27
支払意思額　191
資本化仮説　114
しまね森林情報ステーション　47
社会参加　148
社会的文脈　137
車載システム　75
渋滞　105
住宅地図　141
住宅・土地統計調査　5
重点投資地区　78
住民参加型 GIS　148, 152
集落排水施設管理台帳システム　28
主題地図　176
出生率　164

需要家システム　74
巡回経路探索　106
巡回・送迎経路　142
障害　143, 151
小地域統計　156
小班　39
情報化社会　152
情報管理・分析ツール　132
情報検索機能　8
情報公開　174
情報公開・コミュニケーションツール　134
情報整理・管理　178
情報通信技術　152
将来人口推計　161
食味管理　31
自律移動支援プロジェクト　150
自律分散型　31
人工衛星　70
人口集中地区　157
人材育成　179
震災対策　169
森人類　42
新生産システム　42
森林管理簿　39
森林基本図　40
森林組合　41
森林計画図　40
森林 GIS　40
森林簿　39

水圏生態　55
水産海洋　70
水産資源解析　55
水産資源生息域　57
水産資源評価モデル　61
数値地図 2500（空間データ基盤）　4, 141
数値地図 25000（空間データ基盤）　3
数値地図 5 m メッシュ（標高）　4
スタティック測位　50
ストアコンパリソン　92
3 D レンダリング　110

政策　170

索　引

政策評価法　181
政策プロセス　168
政策分析　176
政策マネージメント　174
正射投影変換　52
生息域適正指標　58
生息域モデル　58
生態系管理　65
精度情報　9
生物多様性　57
世界測地系　157
赤外線マーカ　150
施業の団地化　42, 45
説明責任　181
占用事業者　80

相続税路線価　116, 118
総描規則　3
属性検索　44

タ　行

大規模調査　4
第3世代携帯電話　110
縦割り主義　136
多頻度小口配送　14

地域ガバナンス　152
地域・国土計画　129
地域戦略支援 GIS　73, 78
地域福祉計画　139
地域メッシュ統計　156
地価公示　116, 118
地価調査　116
地下埋設物　79
地区計画　9, 129
地図　140, 148
地図系情報　75
地図配信サービス　147
地図表示機能　7
知的所有権　11
地方公共団体　173
中山間地域等直接支払制度　28
調査区　158
直接利用価値　186
地理空間情報　167
地理空間情報活用推進基本法　130

地理空間情報高度活用社会　168
地理空間データベース　75
地理的属性　61

テクノクラート　135
デジタルオルソフォト　41
データの重ね合わせ　132
電子海図　67
電子地図　16
点字ブロック　150
電子 logbook　70
電灯管理システム　184

東京大都市圏　161
東京都内事件事故発生状況マップ　134
統合型 GIS　73, 130, 152, 168, 173, 184
動態管理システム　19
到達圏探索　106
等密度面　63
道路管理システム　79
道路管理者　80
道路空間　80
道路工事調整会議　82
道路工事調整業務　82
道路占用許可申請業務　83
道路・占用物件管理業務　82
道路台帳　82, 187
道路台帳付図　80
道路台帳平面図　80
道路ネットワーク　103
都市インフラ　2
都市計画　128
都市景観検討システム　190
都市情報システム　1
都市政策情報システム　2
土壌管理システム　26
都心回帰　164
トータルナビゲーション　105
土地改良区　26, 27
土地台帳管理システム　28
土地利用　34
都道府県地価調査　118
トラベルコスト法　189
トレーサビリティ　25, 31

ナ　行

ナビゲーション　149
ナビゲーション装置　76

日本測地系　157

ニューラルネットワーク　70

ネットワーク分析　142, 149

農業委員会　26
農業協同組合　26
農業 GIS　25
農村振興 GIS　27
農薬散布履歴　32

ハ　行

配車管理システム　13
配送計画支援システム　19
配送計画システム　19
ハザードマップ　120
場所情報　140
バッファリング　45
バリア（障壁）　144, 151
バリア・バリアフリー情報　144, 147, 149
バリアフリー　143, 148
バリアフリーマップ　144, 148

ビジネス　1
ビジネス GIS　88
非常緊急通知　110
費用　178
費用効果分析　182
標準価格　118
費用対効果　178
費用便益分析　182
表明選好法　190

ファジー検索　8
福祉事業　139, 152
福祉のまちづくり　143, 148
復旧・復興対策　169
物流業界　13
物流システム　13
不動産ビジネス　112

プライバシー　152
プロダクションモデル　61
分析機能　8

平成の大合併　131
ベビーブーム　164
編集機能　7
ペンPC　76

防災　170
防災まちづくり　129
防災用GIS　30
防除記録　37
防犯まちづくり　134
歩行者支援GIS　134, 149
圃場整備施設管理台帳システム
　　28
北海道中央農業試験場　30
歩道　149
ポートランド・メトロ　132

マ 行

マイクロ波　60
まぐろ類　62
マーケティング　155
マスタープラン　128
まちづくり　128

水土里情報利活用促進事業
　　27, 32
宮城県土地改良事業連合会　28

無人ヘリコプター　32

文字系情報　75
モバイルGIS　48, 73

ヤ 行

山形県土地改良事業連合会　27

ユニバーサルデザイン　150

ユビキタス　11, 70, 150
ゆーまっぷ　134

4次元情報　56

ラ 行

ライフライン　73

リクルート住宅価格指数
　　116, 119
リモセン・GISを考える会　30
リモートセンシング　50, 59
漁海況予測　63
旅行費用法　189

レイヤ　80, 91

老年人口割合　164

ワ 行

割引率　185

編者略歴

村山祐司
1953年 茨城県に生まれる
1983年 筑波大学大学院地球科学研究科博士課程中退
現　在 筑波大学大学院生命環境科学研究科教授
　　　 理学博士

柴崎亮介
1958年 福岡県に生まれる
1982年 東京大学大学院工学系研究科修士課程修了
現　在 東京大学空間情報科学研究センター・センター長, 教授
　　　 工学博士

シリーズ GIS 4
ビジネス・行政のための GIS　　定価はカバーに表示
2008年3月15日　初版第1刷

編　者　村　山　祐　司
　　　　柴　崎　亮　介
発行者　朝　倉　邦　造
発行所　株式会社　朝　倉　書　店
　　　　東京都新宿区新小川町6-29
　　　　郵便番号　162-8707
　　　　電　話　03(3260)0141
　　　　FAX　03(3260)0180
　　　　http://www.asakura.co.jp

〈検印省略〉

ⓒ 2008〈無断複写・転載を禁ず〉　　中央印刷・渡辺製本

ISBN 978-4-254-16834-1　C 3325　　Printed in Japan

筑波大 村山祐司・東大 柴崎亮介編 〈シリーズGIS〉1 **GISの理論** 16831-0 3325　A5判 200頁 本体3800円	科学としてのGISの概念・原理, 理論的発展を叙述〔内容〕空間認識とオントロジー／空間データモデル／位置表現／空間操作と計算幾何学／空間統計学入門／ビジュアライゼーション／データマイニング／ジオシミュレーション／空間モデリング
筑波大 村山祐司編 シリーズ〈人文地理学〉1 **地理情報システム** 16711-5 C3325　A5判 224頁 本体3800円	GIS（地理情報システム）のしくみを説明し, 地理学での利用の有効性を解説。〔内容〕GISの発展／構成と構造／地理情報の取得とデータベース／空間解析／ジオコンピュテーション／人文地理学への応用／自然環境研究への応用／これからのGIS
産総研 加藤碵一・名大 山口 靖・資源・環境観測解析センター 渡辺 宏・鷹田麻子編 **宇宙から見た地質** ―日本と世界― 16344-5 C3025　B5判 160頁 本体7400円	ASTER衛星画像を活用して世界の特徴的な地質をカラーで魅力的に解説。〔内容〕富士山／三宅島／エトナ火山／アナトリア／南極／カムチャツカ／セントヘレンズ／シナイ半島／チベット／キュプライト／アンデス／リフトバレー／石林／など
福本武明・荻野正嗣・佐野正典・早川 清・古河幸雄・鹿田正昭・嵯峨 晃・和田安彦著 エース土木工学シリーズ **エース測量学** 26477-7 C3351　A5判 216頁 本体3900円	基礎を重視した土木工学系の入門教科書。〔内容〕観測値の処理／距離測量／水準測量／角測量／トラバース測量／三角測量と三辺測量／平板測量／GISと地形図／写真測量／リモートセンシングとGPS測量／路線測量／面積・体積の算定
前東大 村井俊治総編集 **測量工学ハンドブック** 26148-6 C3051　B5判 544頁 本体25000円	測量学は大きな変革を迎えている。現実の土木工事・建設工事でも多用されているのは, レーザ技術・写真測量技術・GPS技術などリアルタイム化の工学的手法である。本書は従来の"静止測量"から"動的測量"への橋渡しとなる総合HBである。〔内容〕測量学から測量工学へ／関連技術の変遷／地上測量／デジタル地上写真測量／海洋測量／GPS／デジタル航空カメラ／レーザスキャナ／高分解能衛星画像／レーダ技術／熱画像システム／主なデータ処理技術／計測データの表現方法
日大 高阪宏行著 **地理情報技術ハンドブック** 16338-4 C3025　A5判 512頁 本体16000円	進展著しいGIS（地理情報システム）の最新技術と多方面への応用を具体的に詳述。GISを利用する実務者・研究者必携の書。〔内容〕GISの機能性／空間的自己相関／クリギング／単・多変量分類／地理的可視化／地図総描／ジオコンピュテーション／マーケティング／交通／医療計画／リモートセンシング／モニタリング／地形分析／情報ネットワーク／GIS教育／空間データの標準化／ファイル構造／実体関連モデル／オブジェクト指向／データベースと検索・時間／TIGERファイル／他
地理情報システム学会編 **地理情報科学事典** 16340-7 C3525　A5判 548頁 本体16000円	多岐の分野で進展する地理情報科学（GIS）を概観できるよう, 30の大項目に分類した200のキーワードを見開きで簡潔に解説。〔内容〕［基礎編］定義／情報取得／空間参照系／モデル化と構造／前処理／操作と解析／表示と伝達。［実用編］自然環境／森林／バイオリージョン／農政経済／文化財／土地利用／自治体／防災／医療・福祉／都市／施設管理／モバイル／ビジネス他。［応用編］情報通信技術／社会情報基盤／法的問題／標準化／教育／ハードとソフト／導入と運用／付録

上記価格（税別）は2008年2月現在